산티아고 가는 길에서
이슬람을 만나다

I found Islam on the road to Santiago

by Kim Hyo Sun

Published by Hangilsa Publishing Co., Ltd., Korea, 2015

일러두기

- 카미노: '길'이란 뜻의 스페인어. 이 책에서는 '카미노 데 산티아고' 즉 산티아고 가는 길을 특정 지칭한다.
- 알베르게: 순례자용 숙소(유스호스텔 같은 단체 숙소).
- 오스탈: 순례자용 숙소(1~2인용 개인 숙소).
- 페레그리노 · 페레그리나: 남 · 녀 순례자.
- 크레덴셜: 순례증명서. 이를 제시해야 순례자용 숙소에 묵을 수 있다. 각 숙소나 마을사무소에서 이 증명서에 인증도장인 세요sello를 찍어준다. 이를 산티아고에 도착해 페레그리노 오피스에 제출하면 완주증명서를 발급해준다.
- 노란색 화살표: 순례자들을 알베르게로, 나아가 산티아고로 인도하는 길 위의 화살표.
- 아윤타미엔토: 시청(혹은 면사무소). 순례자들에게 더 저렴한 숙소(맨바닥＋침낭)를 제공하기도 하고, 알베르게를 안내하거나 세요를 찍어주기도 한다.
- 도보가 아닌 교통수단을 이용해 이동한 경우에는 본문 위쪽에 이동거리를 적지 않았다.
  (자세한 사항은 『산티아고 가는 길에서 유럽을 만나다』의 산티아고 가는 길 A to Z 참조)

산티아고 가는 길에서

이슬람을 만나다

카미노의 여인 김효선 글·사진

한길사

김효선의 산티아고 가는 길 3부작

포르투갈 길

산티아고 가는 길에서
포르투갈을 만나다

플라타 길

산티아고 가는 길에서
이슬람을 만나다

프랑스 길

산티아고 가는 길에서
유럽을 만나다

contents

산티아고로 가는 다른 길

비아 델 라 플라타로의 초대장

아름다운 곳에 흠뻑 취해 있다 아쉬운 맘 가득 그곳을 떠날 때면 누구나 저절로 내뱉는다. "꼭 다시 와야지…." 그렇지만 이것만큼 지켜지지 않는 약속이 또 있을까. 한곳을 거듭거듭 찾기에는 아름다운 곳이 너무 많은 건지, 아니면 그때의 감흥을 금세 잊고 일상으로 후딱 돌아가는 바람에 까먹는 건지 몰라도, '다시 찾아가는' 여행지는 퍽 드문 편이다. 내게도 그랬다.

그런데 '산티아고 가는 길'은 그런 점에서 완전 달랐다. 한국도 아닌, 머나먼 유럽의 스페인 시골길을 불과 2년여 만에 세 차례나 다녀왔다. 그만큼 산티아고 가는 길의 매력은 세고 질기다. 그렇다고 이 여행길이 심각한 건 아니다. 장거리 도보여행이다 보니 발바닥이 좀 심각해지긴 하지만, 그뿐이다. 걸으면 걸을수록, 맘은 점점 가벼워지는 길이다. 삶이 점점 풍요로워지는 길이다. 그런 그 길의 매력이 지금도 그 외딴 길을 세계인들로 붐비게 만든다.

플라타 가는 길의 사연

길에는 늘 이야기가 깃들어 있다. 비아 델 라 플라타, 곧 플라타 길. 이 길 또한 예사롭지 않은 역사를 품고 있다. 이 길은 스페인 이베리아 반도 서남쪽에 있는 세비야에서 북쪽으로 뻗은 길을 따라 올라가 반도 서북쪽

거의 끝부분에 있는 산티아고 데 콤포스텔라로 이어진다.

이 길의 역사는 고대로마 이전의 페니키아로부터 비롯된다. 이베리아 반도 북부에는 주요한 광물이 매장된 광산이 많았다. 스페인 땅의 고대 국가들은 이 광물로 무역을 했다. 그렇게 청동의 재료가 되는 주석이 카르타고로 팔려나갈 때, 바로 이 플라타 길이 그 무역로 역할을 한 것이다. '주석길'Tin way이라고 불려지곤 하는 이유다.

카르타고의 한니발은 이 무역통로로 코끼리를 끌고와 로마와 포에니 전쟁을 벌였다. 그는 플라타 길의 세비야 남쪽 카디즈Cadiz에서 시작, 타라고나를 지나 피레네산맥을 넘었고, 프랑스 남쪽 나르본을 거쳐 이탈리아 본토까지 코끼리를 끌고 갔다.

한편 고대 무역로였던 주석길은 로마가 이 지역을 쉽게 정복하도록 돕는 하이웨이 같은 역할을 하였다. 로마가 이곳을 완전 점령한 후에 이들은 이베리아 반도의 지하자원을 본국으로 보내기 위해 이 길을 넓히고 돌로 잘 포장해 로마가도로 만들었다. 그 후부터 주석길은 라틴어의 넓은 길platea, wide road 또는 돌로 포장된 길lapidata, stone road이란 의미로 쓰이기 시작하였다.

로마 멸망 후에는 남쪽에서 올라온 아프리카의 무어인들이 이 땅을 점령했다. 이 무어인들 역시 넓고 튼튼하고 시원스럽게 뻗은 이 길을 이용해 삽시간에 반도의 북부까지 정복할 수 있었다. 무어인 정복 당시에는 이 길을 아랍어로 '돌로 포장된 길'이란 의미의 알 발라스Al Balath 또는 발라타Balata라고 불렀다고 한다.

오늘날과 같은 '비아 델 라 플라타'라는 이름은, 이 길이 처음 갖게 된 공식적인 이름이었던 비아 델 라 피다타Via De la pidata 포장 돌길로부터 혼음되어 생겨난 것이라고 보는 게 유력하다. 이 이름이 국토회복운동 때 이르러 유난히 금은보화를 좋아하던 그리스도교인들이 '라피다타'와 은을 뜻하는 '플라타'를 섞어 부르기 시작하면서 비아 델 라 플라타, 즉 '은의 길Silver Way'이라는 이름으로 바뀌게 된 것이다. "돌 길이 뭐야? 촌스럽게. 은 길로 하자구!" 그랬을지도 모른다. 마치 우리 선조들처럼 말이다. "계생동이 뭐야? 기생동 같잖아. 계동으로 하자구!"(서울 중구 계동은 실제로 그렇게 탄생했다.)

그래서 오늘날 영어권에서는 이 길을 '실버웨이'라고 부르기도 한다. 하지만 역사적 기록에 의하면 이 길은 은 무역과는 무관하다. 기원후 73년 플라타 길 북쪽 끝 아스토르가 지역의 금 개발을 목적으로 이 길이 사용되었다는 기록은 있지만 은과는 관련이 없었다. 계동이 기생과는 무관하듯, 실버웨이도 은과는 무관했던 것이다.

나의 '다음 길' 1,003km

오랜 역사 속에서 이렇게 다져진 길이 오늘날 가톨릭 성지 산티아고로

가는 순례길이 되어 새로운 역사를 쓰고 있다. 성인 야고보를 찾아가는 순례의 길, 자연과 인간의 역사가 남긴 현장을 둘러보는 문화탐험의 길, 세계에서 온 도보여행자들이 제각기 다른 언어와 문화를 나누고 배우며 어울리는 길로 거듭난 것이다.

특히 장거리 도보여행자들에게 이 비아 델 라 플라타는 산티아고에 이르는 많은 루트 중에서 '처음 길'에 해당하는 프랑세스 길을 마친 이들이 도보여행 중독자가 되어가는 시점에 다시 찾아가는 '다음 길'이다. 그렇다. 플라타 길은 진작부터 나의 다음 길이었다. 프랑세스 길을 떠나올 때부터 내 맘은 벌써 플라타 길로 접어들고 있었다.

세비야를 출발해 산티아고 데 콤포스텔라까지 1,000km를 넘게 걸으며, 스페인 안달루시아, 에스트레마두라, 메세타, 칸타브리아 대산맥, 갈리시아 지방을 밟고 지나게 된다. 주석, 코끼리, 로마병정, 무어인들을 떠올리며 이베리아 반도의 대자연과 순박한 스페인 사람들의 꾸밈없는 일상 속으로 걸어가는 길이다.

우리 땅에도 '다음 길'을 절실하게 찾고 있는 이들이 아주 많아졌다. 길의 유혹에 이미 흠뻑 빠지신 당신. 장거리 도보여행을 탐닉하는 당신. 나의 '다음 길'은 어디인지, 늘 기웃거리는 당신. 아름다운 플라타 길에 대한 나의 여행노트는 그런 당신께 건네는, 은근하고도 위험스런(!) 초대장이다.

플라타 길

안달루시아 이동경로

●●● 모사라베 길

안달루시아

생 장 피드 포르

팜플로나

발렌시아

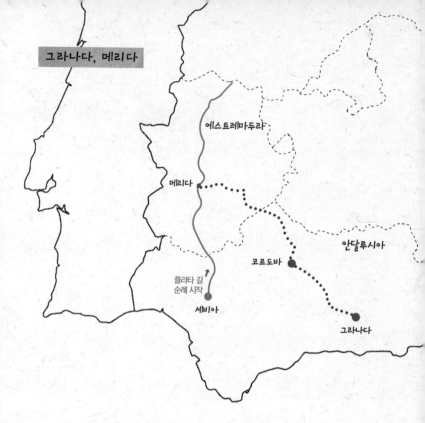

그라나다, 메리다

에스트레마두라

메리다

코르도바

안달루시아

플라타 길
순례 시작

세비야

그라나다

카미노 모사라베, 즉 모사라베 길은 스페인 남부 그라나다에서 출발해 코르도바를 지나 메리다에 이르는 396km의 길이다. 메리다에서 비아 델 라 플라타와 합류해 산티아고까지 이어진다.

그라나다는 지브롤터 해협을 건너온 무어인들의 최초 정복지이면서, 갈리시아인들에 의해 다시 아프리카로 밀려날 때까지 마지막 남아 있던 이슬람 왕국이었다. 코르도바 역시 스페인에서 이슬람교국의 수도 역할을 했던 도시다.

이번 여행길에는 모사라베 길을 대표하는 두 도시인 그라나다와 코르도바를 미리 살펴보고 세비야로 이동해 플라타 길 1,000km를 시작했다.

카미노 모사라베의 두 도시

그라나다, 알람브라 궁전의 물소리

그라나다는 스페인 남부 안달루시아 지방 그라나다의 주도다. 그라나다는 스페인어로 석류를 뜻한다. 시의 문장에도 석류가 있다. 한편 무어인들에게 정복당했을 때의 이름이 '이방인의 언덕'이란 뜻의 가르나타Garnata였고, 이로부터 지금의 이름이 유래되었다는 설도 있다. 하지만 시의 문장에도 석류가 있는 것으로 보아, 석류설이 한결 그럴듯해 보인다.

711년 무슬림은 유대인의 도움을 받아 그라나다를 정복하였다. 당시 스페인 북동부 지역에서 가톨릭 세력의 박해를 받던 유대인은 자신들을 아브라함의 자손으로 인정해준 이슬람 세력을 환영한 것이다. 이슬람 치하에서 어엿한 사회의 구성원으로 살아갈 수 있으리라 기대했기 때문이다.

그 덕분에 이슬람교도 치하에서 스페인의 유대인은 번성했다. 특히 코르도바, 그라나다 등의 도시에서는 행정장관직을 맡을 정도로 이슬람교도들은 유대인을 우대하였다. 유대인은 상업, 무역, 세무 업무 등

에서 두각을 보였고, 특히 의사가 많았는데 스페인의 의사는 거의 다 유대인이었을 정도라고 한다.

이슬람 정복 뒤 스페인은 모든 종교와 문화를 받아들이는 '포용의 땅'이 되었다. 가톨릭계 스페인 원주민과 이교도들인 유대교인, 이슬람 교도들이 한 마을에서 함께 살았다. 문화와 건축에서도 모사라베, 무데하르 등의 새로운 혼성양식이 등장하게 되었다. '모사라베'라는 말 자체가 당시의 공식 언어인 아랍어를 쓰던 이슬람 세력 하의 가톨릭교인들을 일컫는 말이다.

그라나다는 레콩키스타, 즉 국토회복운동의 종지부를 찍은 곳으로 유명하기도 하다. 알람브라궁이 바로 그 역사의 현장이다. 1492년 1월 2일 갈리시아의 이사벨과 페르난도가 그라나다의 마지막 왕인 보압딜에게서 궁의 열쇠를 건네받은 것이다.

이 해에 크리스토퍼 콜롬버스가 아메리카를 발견했다. 그해에 일어난 또 하나의 세계적인 사건은 3월 31일에 발표된 알람브라 칙령이다. 이 칙령을 통해 이사벨 여왕은 철저한 로마가톨릭 국가를 만들기 위해 개종을 거부하는 무슬림과 유대교도들을 추방했다. 당시 스페인 인구 700만 중 유대인이 200만이었는데, 그중 100만이 이 칙령 때문에 국외로 떠났다. 이사벨은 유럽 최고의 잔인한 종교재판을 벌여 이교도들을 고문하고 살해하고 추방했다. 780년 동안의 평화로운 동거는 피로 얼룩져 끝나고 말았다. 당시 20만을 처형했다고 전해지는 이사벨은 최근 '최악의 악녀 리스트'에 당당히 8위 자리에 오르기도 했다.

그라나다 하면 무엇보다 알람브라 궁전이 떠오르고, 알람브라 그러면 난 기타연주곡 「알람브라 궁전의 추억」이 떠오른다. 내겐 오빠가 둘 있다. 오빠들은 "밥은 굶어도 기타는 친다"고 할 정도로 학교에서 돌아오면 방에 틀어박혀 기타 연주에 빠져 있던 시절이 있었다. 그때 늘 연주하던 곡이 「로망스」와 「알람브라 궁전의 추억」이었다.

악보에 그려진 알람브라 궁의 모습은 마치 아라비안나이트에 나오는 어딘가처럼 신비한 곳 같았다. 비 오는 날 오빠 둘이 대청마루에 앉아 이 곡을 연주할 때는 왠지 마음이 짠하도록 슬펐다. 할머니가 동네 마실 갔다 들어오시더니 "비 오는데 웬 청승이냐"고 지청구를 하셨던 걸 보면, 나 혼자만 그런 느낌이었던 건 아닌가 보다.

아랍어로 '붉은 성'이란 뜻의 알람브라는 가히 그라나다의 보물이다. 이슬람 건축의 최고 걸작이자, 이슬람 문화의 정수인 알람브라. "그라나다에서 눈이 먼다는 것보다 더 참혹한 삶은 없다." 스페인에

서 활약한 시인 프란시스코 데 이카자Francisco de Icaza는 알람브라 궁의 아름다움을 그렇게 표현했다. 건물의 세공도 뛰어나지만, 이 궁전의 주제는 물이 아닐까 한다. 네바다 산맥의 눈 녹은 물을 끌어들여 조성한 궁전 곳곳의 분수대, 그리고 각 방으로 연결된 물길은 겨울철 건조기에 천연가습기 역할을 하도록 계획되었다.

알람브라 하면 뿌듯해지는 맘도 든다. 2008년 프랑세스 길을 함께 완주했던 사진작가 배병우 선생이 스페인 정부의 요청을 받아 이 아름다운 알람브라 궁의 사진도록을 새로 만들고 있는 것이다. 배 작가는 1년여 동안 알람브라 궁의 사계를 담고자 스페인을 오가며 작품을 찍고 있는데, 이른 새벽 밝아오는 여명 속에서 알람브라 궁의 헤네랄리페에서 흐르는 물소리를 들을 때가 가장 아름답다고 했다. 이 아름답고 사연 많은 그라나다가 카미노 모사라베의 출발지다.

코르도바, 메스키타와 세 현인

코르도바는 제2차 포에니 전쟁 후, 기원전 1세기에 전쟁 영웅인 로마 장군 마르쿠스 클라우디우스 마르켈루스가 직접 감독해 세운 도시다. 2,000년이 넘는 역사의 계획도시인 것. 아직도 굳건히 남아 유용하게 쓰이는 과달키비르 강의 로마다리는 당시 제국의 도시로서 이 도시의 번영을 짐작케 한다. 로마인이 물러간 뒤 이곳을 차지한 무어인은 그 다리 아래의 강을 와디 알케비르Wadi alKebir라 불렀다. 지금의 과달키비르라는 이름이 거기에서 유래되었는데, 이 강이 아직 '와디 알케비르'라 불릴 때가 코르도바의 전성기였다. 즉 8세기 이슬람의 정복부터 1236년 페르난도 3세의 탈환까지인 것.

코르도바는 이슬람 세계의 중심지로 성장해, 10세기경 동로마의 콘스탄티노플에 버금갈 정도로서, 유럽 최고의 도시 자리에 올랐다. 50만 명의 주민, 20만 호의 주택, 300개의 모스크, 50개의 병원, 500개의 공중목욕탕에 도서관도 30개에 이른 불야성의 도시 코르도바는 그야말로 세계 경제, 문화, 정치의 중심지였다. 하지만 이제는 그 모든 영화가 다 사라지고, 유일하게 메스키타Mezquita만 남아 그 시절의 화려함을 묵묵히 증언한다.

코르도바를 찾는 관광객들은 대부분 이 메스키타를 보기 위해 온다. 원래 아랍어로 '땅에 엎드려 절을 하는 곳'이란 뜻의 마스지드masjid에서 온 메스키타는 영어의 모스크와 어원을 같이한다.

메스키타의 변천사는 여러 종교의 어울림과 갈등을 잘 보여준다. 788년 압둘라만 1세는 비잔틴 양식의 서고트 교회를 매입하여 이슬람식 사원을 세웠다. 그 후 증개축을 거듭하여 987년에는 석조기둥

1,200여 개를 거느린 웅장한 건물이 된다. 이 과정에서 건축기간을 단축시키고자 주변의 그리스, 로마, 서고트 양식 건축물의 기둥들을 뽑아 사용했다. 그리하여 그 기둥의 숲 아래에서 2만 5,000명이 동시에 예배를 드리는 대모스크가 완성되었다. 997년 산티아고 데 콤포스텔라를 침략한 알만수르는 대성당의 귀중품과 문짝, 종들을 떼어내 코르도바로 가져온 뒤 모두 녹여 300개의 촛대를 만들어 메스키타를 장식했다.

1236년 코르도바가 탈환된 뒤 패전한 이슬람교도들은 이 촛대로 변한 종들을 짊어지고 산티아고 대성당으로 되옮겨놓아야 했다. 1371년에 무데하르가톨릭 치하의 이슬람교도를 일컫는 말 장인들에 의해 최초로 소성당이 잎사귀 모양의 아치 아래 세워졌다. 1523년 신성로마제국 황제 카를로스 5세는 코르도바 대주교 만리케의 청을 받아들여 그에게 메스키타 사원에 대성당을 만드는 것을 허락했다. 대주교는 사원기도소의 한가운데 기둥 대여섯 줄을 뜯어내고 로마식 돔형의 대성당을 만들었다. 사통팔달의 원기둥의 숲 가운데 대성당이 들어선 것이다.

3년 뒤 코르도바를 찾은 황제는 메스키타의 독특한 아름다움에 매료되었다. "이럴 줄 알았다면 허락하지 않았을 것을! 대주교 그대가 만든 것은 어디서나 볼 수 있는 것이지만, 그대가 파괴한 것은 이곳에만 존재하는 특별한 것이다." 뒤늦게 자신의 경솔한 허락을 탄식했던 것. 오늘날 메스키타에는 856개의 기둥이 남아 어디서도 볼 수 없는 특이한 형태의 기둥 숲을 이루고 있다.

코르도바의 메스키타는 이곳을 점령했던 세력들의 문화와 건축양식을 고스란히 제 몸 위에 아로새기고서 지금도 묵묵히 지난했던 역사의 구비들을 보여주고 있다. 막상 들어가면 차분히 기도를 하기보다는 걸어서 산책하고 싶은 충동이 이는 곳, 이사벨 여왕의 종교적 광기를 견뎌내고 꿋꿋이 살아남아 수많은 종교의 공간적 공존을 보여주고 있는 고마운 곳, 내게 메스키타는 그런 평화와 화해의 상징이고 그래서 마땅히 우리 인류의 보물로 여겨져야 하는 곳이다.

메스키타가 코르도바의 하드웨어라면 소프트웨어는 코르도바 태생의 유명한 철학자 세 사람이 아닐까 한다.

아름다운 꽃길로 장식되어 있는 유대인 거리는 사실 슬픈 역사의 현장이다. 과거 유대인들이 박해를 피해 모여 살던 데서 비롯된 동네이기 때문이다. 그 좁은 골목길에서 유대인 철학자 마이모니데스Maimonides, 1135~1204가 나지막한 좌대에 앉아 여행자들을 반긴다. 그는 코르도바 태생이지만 종교적 탄압을 피해 동방으로 가서, 유대 율법, 그리스 철학, 의학 등을 배우고 카이로 부근의 포스타드에서 궁정의사로 지내며 신학자, 의학자로 존경을 받은 사람이다. 아라비아 철학에서 영향을 받고 아리스토텔레스의 철학과 유대교 신앙을 결합하여 구약성서의 상징적인 가르침에 대해 합리적 해석을 덧붙이기도 한 인물이다.

"가장 낮은 자선은 '주면서 후회하는 것'이다. 그 위로 '요청하지 않을 때는 주지 않는 것', '수혜자의 기분을 상하게 하면서 주는 것' 등이 있으며, 좋은 자선은 '시혜자와 수혜자가 서로 모르게 하는 것'이다. 가장 좋은 자선은 '받는 이가 스스로 자립하도록 도와주는 것'이다."

코르도바 구 도심 입구로 들어서는 성문 가까이에 로마 황제 네로의 스승으로 유명한 세네카Seneca, BC 4년경~AD 65가 로마인의 옷 토가를 입고 한 손에는 두루마리를 쥐고 서 있다. 코르도바의 유복한 로마기사Equestrian 집안에서 태어난 세네카는 로마제국 시절 정치가이자 철학자, 시인으로 활약하였으며, 스토아 철학의 주요한 주창자로서 최근까지도 유럽에서 가장 널리 읽히는 철학자 중 한 사람으로 손꼽힌다.

네로 황제의 정치적 조언자이며 참모로 활동했지만 네로의 폭정이 심해지면서 많은 비판 속에서 공직에서 물러난 후 연구와 저술에 힘을 쏟다가 네로 살해 음모의 가담자로 의심을 받고 네로 황제에게 자살 명을 받고는 독약을 먹고 욕조에 들어앉아서 철학을 논하며 초연히 죽음을 맞았다고 전해진다.

"우리는 삶을 이렇게 보낸다. 아무것도 하지 않으면서, 혹은 뜻한 대로는 아무것도 하지 못하면서, 혹은 마땅히 해야 할 건 아무것도 하지 못하면서. 우리는 늘 우리 인생이 짧다고 투덜대면서도, 마치 그 인생이 끝없이 이어질 것처럼 살아간다."

코르도바의 메스키타는 평화의 한 방법을 묵언수행하듯 우리에게 가르치고, 코르도바의 세네카는 그런 평화를 위해 아무것도 하지 않으며 살아가는 게 얼마나 인간답지 못한지를 2000년의 세월을 뛰어넘어 우리에게 웅변한다.

1126년 코르도바에서 태어난 이슬람 철학자 아베로에스Ibn Rushd Averroes, 1126~98는 아리스토텔레스 연구에 탁월한 능력을 발휘해, 그가 재정리한 아리스토텔레스의 사상이 유럽 전역에 널리 전파되어 아베로에스주의라는 철학을 확립하였다. 철학적 진리는 믿음이 아니라 이성으로부터 생겨난다는 그의 주장은 훗날 르네상스 운동으로 꽃을 피웠다.

아베로에스는 코르도바의 유명한 칼리프인 알만수르의 주치의를 지내기도 했지만, 이슬람교도인데도 술과 돼지고기를 먹어 이슬람교 율법학자들에게 시기와 증오의 대상이었으며, "여성은 가축이 아니라 한 사람의 인류로 대접받아야 한다"는 당시로서는 혁신적인(!) 생각을 내놓기도 했다. 결국 알만수르에게 파문당하고 추방당하여 떠돌이 생활을 하다가 모로코 중부 마라케시에서 사법관직을 맡아 정착하여 살다 거기서 숨을 거두었다.

메스키타의 건축물에서도 다양한 문화를 볼 수 있지만 이 세 철학자의 출신과 사상, 그리고 작품에서도 이베리아 반도 스페인의 역사를 볼 수가 있다. 한때 세계의 중심지였던 곳이니만치 코르도바만 잘 둘러보아도 스페인사는 물론 세계사의 주요 구비들을 접해볼 수 있다. 메스키타의 말발굽 아치 아래에서건, 꽃들로 수놓인 유대인 거리에서건, 코르도바는 훌륭한 교육장이다.

세비야, 또 하나의 카미노가 시작되는 곳

세비야가 스페인의 도시인지 모르는 사람도, 「세빌야의 이발사」는 안다. 세빌야는 세비야의 이탈리아식 발음이다. 「세빌야의 이발사」뿐만 아니라 「피가로의 결혼」, 「카르멘」, 「돈 조반니」의 무대가 모두 이곳 세비야다. 이쯤 되면 세비야의 문화적 비중을 짐작케 된다.

코르도바의 로마다리 밑을 흘러온 과달키비르 강은 세비야를 거쳐 보난자란 항구도시에서 대서양으로 흘러든다. 그라나다 점령 이듬해인 712년 무슬림 군대는 세비야를 점령해, 페니키아, 로마, 게르만, 서고트로 이어지던 긴 주인들의 명단에 새 주인으로 이름을 올렸다. 그리고 무어인들은 1248년 페르난도 3세에게 밀려나 그라나다 인근으로 쫓겨갈 때까지 이곳 세비야를 안달루시아 이슬람의 주요 거점으로 번영케 했다. 레콩키스타의 전사 페르난도 3세는 1236년 코르도바, 1246년 하엔에 이어 이곳을 탈환하고, 결국 세비야 대성당에 고단한 몸을 누이고 영면에 들었다. 페르난도 3세처럼, 오페라 작곡가들처럼 가톨릭 세력은 세비야를 사랑했다.

국토회복이 완료된 후 신대륙 정복기에 세비야는 과달키비르 강을 이용한 무역기지로 전성기를 누리게 된다. 수많은 성당과 대학 등이 설립되었고, 마젤란이 이곳에서 세계일주의 닻을 올리기도 하였다. 18세기 들어 대형선

발을 땅에 붙이고 세비야를 거닐 때면 어디서나 보이는 히랄다 탑이 세비야의 상징 같지만,
일단 히랄다 탑에 오르면 생각이 바뀐다. 세비야는 투우의 도시다!

박의 출입이 편리한 카디스Cadiz에 밀려 점차 쇠퇴의 길에 접어들기까지, 세
비야는 이른바 '신대륙 중흥기'를 누렸다. 1992년의 엑스포는 1,600만 방
문객을 맞아들이며 새로운 세비야 관광 시대를 열었지만, 그 또한 부분적 성
공에 그쳐 아직도 엑스포 부지는 미분양 상태로 방치되어 있다시피 한 실정
이다.

오페라 「카르멘」의 고향답게, 세비야에는 스페인에서 가장 오래되고 아
름답고 웅장한 투우장이 있다. 과달키비르 강변에는 카르멘의 동상도 서 있
어서 불멸의 오페라가 이곳과 맺은 인연을 얘기해준다.

세비야도 이슬람과 가톨릭의 혼성양식의 전시장 같다. 12세기 이슬람 건
축인 히랄다 탑 아래에는 원래 이슬람 사원이 있던 자리에 고딕 대성당이 들
어서 있다. 그 맞은편의 알카자르 궁은 그 아름다움이 그라나다의 알람브라

에 비견되고, 500년이 넘는 장구한 건축과정은 지금도 짓고 있는 바르셀로나의 사그라다 파밀리아 성당을 떠올리게 한다. 이슬람 양식의 정수를 모아 세워진 원래 궁궐을, 탈환 후 그라나다, 톨레도에서 데려온 무슬림 장인들이 무데하르 양식으로 완성시켰다. 하지만 12세기에 시작되어 17세기에 마무리되는 동안 르네상스 양식도 가미되었으며, 후원인 알카자르 정원에서도 이슬람, 안달루시아, 가톨릭 등의 다양한 전통이 혼재되어 있음을 확인할 수 있다.

1492년 이사벨 여왕의 알람브라 칙령 발표 이후 대대적인 박해 속에서 세비야의 경제는 파산지경에 이른다. 지금은 앙숙지간이지만, 당시 공생관계였던 유대인과 이슬람교도들이 동시에 박해를 피해 스페인을 떠나야 했던

세비야 알카자르(세비야 왕궁)의
무데하르 양식 디테일은
알람브라궁의 화려함에 버금간다.

것이다. 유능한 두뇌와 훌륭한 장인의 손발을 모두 잃어버린 세비야의 집값은 반으로 떨어지고 은행이 파산하는 등 재난이 이어졌다. 지금 세비야 대성당에 몸을 누이고 있는 콜럼버스가 신대륙을 발견한 덕분에 반짝 흥청망청하였으나, 이 또한 살림을 제대로 꾸릴 인재가 없는 상태에서 100년도 못가는 영화로 끝나고 말았다. 1588년 스페인 무적함대가 넬슨 제독에게 패하면서 몰락한 스페인. 이사벨이 꿈꾸던 대제국은 피와 종교의 순수성에 집착하던 그녀의 광기 탓에 사라진 것은 아닐까? 알카자르 뒤편의 추방된 유대인들의 옛 거주지인 바리오 데 산타 크루즈에서는 이런 쓸쓸한 상념에 빠져들기 딱 좋다.

역사적인 도시 세비야에서 이번 카미노, 비아 델 라 플라타가 시작된다. 여기서 플라타 길을 함께 걷기로 한 이탈리아 친구 피아를 만났다. 2006년 프랑세스 길에서 만난 친구 피아. 우린 반가운 해후를 했다.

먼저 크레덴셜을 만드려고 대성당에 갔다가, 우리처럼 플라타 길을 찾은 친구들을 만났다. 클라우스 바그너와 하이너호, 그리고 카트를 끌고 온 크리스티나. 이들은 자기 나라 카미노 협회에서 만든 크레덴셜을 갖고 와서 대성당에서 카미노 스탬프인 세요sello를 받았다. 크레덴셜이 없는 나와 같은 사람들은 저녁 7시 이후에 이사벨다리 건너편의 세비야 카미노 사무실로 가서 크레덴셜을 만들어야 한다. 사무실은 자원봉사자들로 운영되기 때문에, 그들이 자기 일과를 마친 뒤 카미노 사무실로 모여야 크레덴셜 발급을 비롯한 필요한 안내가 가능하다.

그렇게 어렵사리 크레덴셜을 만들고 첫 세요도 받았다. 카미노 내내 순례자 인증을 받고 알베르게에서 묵을 수 있게 된 것이다. 준비, 끝~!

Day 1~5

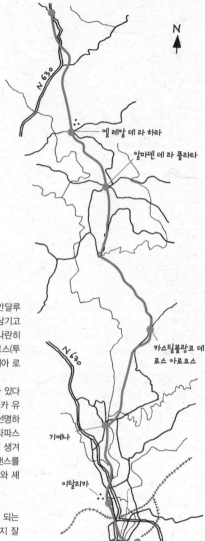

스페인 하면 떠오르는 것 중 많은 것은 안달루시아 지방을 고향으로 한다. 무어인들이 남기고 간 이슬람 건축, 오페라나 문학과 어깨를 나란히 할 만큼 중요한 대접을 받는 코리다 데 토로스(투우), 프랑코 장군에게 처형당한 시인 가르시아 로르카 등이 안달루시아 태생이다.

토로스에 로마 글래디에이터의 흔적이 남아 있다면, 세비야 인근 카미노에서 만나는 이탈리카 유적은 이곳에 남긴 로마인의 족적을 좀더 선명하게 보여준다. 스페인 요리의 대명사 같은 타파스 tapas 도 카미노 길의 출발점인 세비야에서 생겨난 것. 집시의 춤에서 플라멩코flamenco 댄스를 만들어낸 고장, 만사니야manzanilla 올리브와 셰리 포도주의 고향 안달루시아 지방.

카미노는 세비야를 벗어나 고도 700m 남짓 되는 시에라모레나 산맥을 넘어 모네스테리오까지 잘 정비된 길을 따라 이어진다. 총연장 109km.

Day 1

세비야 → 기예나 (22Km)

Sevilla → Guillena

세비야를 떠나, 카미노에 접어들다

후둑후둑 빗소리에 잠이 깬다. 모든 여행자는 날씨에 예민하다. 특히나 날마다 걸어야 하는 장거리 도보여행자들은 더 그렇다. 창문에 부딪혀 토닥대는 빗소리는 아무리 고단한 나그네라도 잠에서 깨어나게 한다. 피아와 신문기자인 그녀의 딸 빅토리아도 일어났다. 걱정스럽게 창문을 열어 내민 손등 위로 굵은 빗줄기가 무겁게 떨어진다.

오늘 빅토리아는 세비야를 출발해 밀라노로 간 뒤, 그곳에 주차해 둔 자기 차를 타고 베로나의 회사로 바로 출근한다. 세비야-밀라노 간 비행기 값이 고작 70유로니까 이런 국제출근도 가능한 거다. 물론 엄마의 장거리 여행을 격려하기 위해 무리하게 시간을 낸 딸도 기특하다. 그렇다. 우리 둘은 오늘부터 1,000km가 넘는 장거리 도보여행길에 나선다.

새벽 6시가 조금 지나, 난 판초를 뒤집어쓰고, 피아와 빅토리아 모녀는 우산을 펼치고 숙소인 오스탈을 나왔다. 배낭이 어깨를 묵직하게 누르고 빗줄기가 성가시게 얼굴을 때려도 기나긴 플라타 길을 시작하는 첫 새벽의 기분은 상쾌했다.

빅토리아를 보내고 피아와 오렌지 불빛이 반짝이는 세비야의 새벽 거리를 걸으니 마음이 한껏 부푼다. 딸을 떠나보내 아쉬움 가득하던 피아의 얼굴에도 금세 생기가 돈다. 예순을 바라보는 나이지만 피아를 보면 늘 '싱싱하다'라는 형용사를 떠올리게 되는 것도, 바로 저렇게 하염없이 샘솟는 활기 덕분이리라.

대성당을 지나고 과달키비르 강에 이르러 이사벨 2세다리를 건넜다. 크레덴셜을 만드느라고 두 번이나 다녀왔던지라 제법 익숙한 길이다. 다리를 건너 노란색 화살표가 보이는 곳에서 우회전을 하고서, 피아가 자신이 갖고 온 일정표를 꺼내기 위해 발길을 멈춘다. 그 일정표는 1년 전에 이 플라타 길을 다녀온 어느 이탈리아 순례자의 블로그에서 출력해온 것이다. 확인 또 확인, 다시 길을 걷는다.

길가의 오렌지나무 가로수에서 커다란 오렌지들이 떨어져 길가에 흩어져 있다. 깔끔한 보도에 떨어진 오렌지는 제법 회화적이지만, 신포도에 불과하다. 껍질을 벗길 때의 향기는 구미를 당기게 할 만큼 상큼하지만, 그렇다고 덥석 베어물었다가는 그 신맛에 낭패를 보기 십상이다.

세비야를 벗어나 카마스Camas 마을로 가는 길은 두 갈래다. 자동차 도로를 따라가는 길과 경치가 아름다운 순례자 전용도로. 비가 오면 순례자 길은 진흙탕길이 되기에 우린 자동차 도로를 따라 카마스로 갔다. 도중에 들른 바에서 맛본, 갓 구워낸 크라상과 커피. 아! 빗길을 걸어와서일까? 우린 연신 손가락을 오므려 하늘로 키스를 날려 보냈다.

예순을 바라보는 피아이지만 그녀를 보면 늘 '싱싱하다'라는 형용사가 떠오른다.
하염없이 샘솟는 활기 덕분이리라.

너무 맛있고 너무 즐거워서.

그랬다. 거기까지는 즐거웠다. 갑자기 피아가 기절초풍하며 일어섰다. 그녀의 목에 달려 있던 휴대폰이 어디론가 사라지고 없다. 한자로 '福'이라 쓰여진 실크주머니에 휴대폰을 넣고 목에 걸고 다녔는데, 주머니 속이 텅 비어 있다. 혹시나 싶어 주위를 아무리 찾아도 없다. 날씨가 개고 햇살이 비쳤지만, 피아는 카마스에서 이탈리카로 가는 내내 뚱한 표정으로 하늘을 원망한다. "아… 새로 산 나의 노키아 휴대폰!" 여행 시작부터 피아의 한숨이 깊다.

피아의 휴대폰 번호는 나의 네덜란드 친구 얀과 독일 친구 후안도 알고 있다. 우린 모두 지난해 프랑세스 길을 통해 산티아고 가는 길을 함께 걸었던 여행자 친구들이다. 이 둘이 이번 우리의 여행계획을 듣고 내내 함께하지는 못하지만 시간을 내서 들르겠다고 했던 것이다. 하여튼 낭패. 우선 이탈리아의 큰딸 줄리아에게 휴대폰을 잃어버렸다고 알렸다. 혹시라도 휴대폰을 습득한 이와 통화가 될까 해서….

이탈리아 in 스페인

우울한 기분으로 이탈리카에 도착했다. 순례자는 공짜. 배낭까지 맡아준다. 매표소의 직원들이 친절하게 도와준다. 이미 그곳에는 먼저 온 자전거순례자들이 있었다.

이탈리카는 4년 전 로마역사를 찾아 여행할 때 와본 곳이다. 지금은 유적에 기대 근근이 마을이 유지되는 지경이지만, 원래 이탈리카는 일리파 평원 위에 세워진 제법 어엿한 도시였다. 제2차 포에니전쟁(기원전 218~202년) 중의 일이다. 기원전 206년 이 평원에서 로마와 카르타고 사이의 대결전이 있었다. 스키피오 아프리카누스 장군이 이끈 로마군의 대승리. 아버지와 삼촌의 원수를 갚겠다는 스키피오의 의지가 드높아서였을까. 일리파 전투는 스페인에서 치른 전투 중 최대의 전과를 거둔 승리였다. 로마군이 병력면에서 밀리는 상황에서도 카르타고군을 괴멸시킨 것. 승전 후 로마의 부름을 받고 떠나던 스키피오는 일리파 평원을 지키기 위해 그해에 제대한 병사들을 남겨두고 떠났다. 로마에 도착한 스키피오는 만장일치로 집정관에 선출되었다. 기원전 205년의 일이다. 그해 스키피오는 일리파 평원에 도시를 건설할 것을 명령하였다. 도시의 이름은 이탈리카, 곧 이탈리아인의 도시였다.

이 이탈리카에서 기원후 53년 트라야누스가 태어났다. 그는 98년 네르바 황제의 후임으로 로마 역사상 최초의 속주 출신 황제가 되었다. 로마인이 속주국에 그들의 도시를 세운 지 300년 만에 황제를 배출한 것이다. 고대 로마제국의 영향권이 가장 극대화되었던 시절을 이끌었던 트라야누스. 지금도 로마의 포룸Forum에 가면 그의 재임기에 세운 거대한 트라얀 칼럼이 2,500여 개에 이르는 조각들로 온몸을 뒤덮은 채 웅장한 위용을 자랑한다.

이탈리카는 또 한 명의 황제를 배출했으니, 바로 하드리아누스다. 하드리아누스는 트라야누스의 사촌. 로마에서 태어난 그는 어린 시절을 이탈리카에서 보냈다. 후에 자식이 없던 트라야누스가 그를 입양했고 그의 후임으로 117년에 황제가 되었다. 로마는 이 두 황제 시절에 황금기를 구가했으니, 이른바 다섯 현제 중 가장 업적이 뛰어난 이 두 사람의 고향이 바로 이곳 이탈리카다.

산책길을 따라가면 시가지 유적지를 지난다. 거센 바람 부는 들판,

두상의 절반이 부서져 없어지고 양팔도 떨어져 나갔지만 어깨에 토가를 걸친 채 당당하고 멋진 몸으로 고향 이탈리카를 지키고 있는 트라야누스

그래도 새소리는 명랑하다. 황제들의 고향답지 않게 유적이라 할 만한 건 모자이크뿐이다. 허물어진 주택에 새들의 집, 행성의 집, 그런 이름들이 붙어 있는데, 모자이크의 내용에 따라 붙여진 것들이다. 어떤 모자이크는 보기에도 너무 누추하여 박박 문질러 닦아내 그 화사함을 직접 살려내고 싶은 마음이 들 지경이었다. 로마제국 당시 모자이크는 아주 값비싼 장식물이었으며, 대저택의 중심공간과 내실 벽면 장식으로 많이 쓰였다. 유럽의 수많은 도시에 아직도 생생하게 남아 있는 화려한 모자이크들은 얼마나 인상적인지 모른다. 훗날 중동을 여행할 때 고대방식으로 모자이크 작업을 하는 곳에서 새를 새긴 모자이크 한 점을 여행자 입장에서는 꽤나 거금을 들여 구입했을 정도다.

비 갠 뒤 촉촉한 대지의 촉감을 한껏 느낄 겨를도 없이 바람이 거세다. 멀리서도 보이는 하얀 석상을 향해 종종걸음으로 둔덕을 올라갔다. 그 석상의 주인공이 누구인지 난 단번에 안다. 알몸으로 서서 영화로웠던 그의 고향 이탈리카를 지키고 있는 트라야누스. 이 석상은 이탈리카 발굴 당시 출토된 대리석상을 시멘트 복제품으로 만들어 세워놓은 것이다. 진품은 박물관에 고이 모셔져 있다. 두상의 절반이 부서져 없어지고 양팔도 떨어져 나갔지만, 어깨에 토가를 걸친 채 당당하고 멋진 풍채를 뽐내는 트라야누스.

로마인들은 신을 알몸으로 새겼다. 그들은 황제숭배도 했다. 하드리아누스는 그가 황제가 되었을 때 트라야누스의 신격화를 요청했고 원로원이 이를 승인했다. 그러니 트라야누스는 신이 되어 그의 고향마을을 지키고 있는 것이다. 이 마을이 그나마 유지되어 나처럼 낯선 방문객들을 맞이하는 것도 혹 그의 신통력 덕분일까…

트라야누스 석상의 언덕에서 훌쩍 바람에 떠밀려 내려간 곳은 원형경기장. 2만 5천 명을 수용한다는 이탈리카의 원형경기장은 로마제국에서 네 번째로 크다. 복원공사를 거친 뒤라 상태는 그럭저럭 볼만하지만, 관람석의 상층은 풍화되어 사람이 앉기 힘들 정도다.

경기장 한가운데서 세비야에서 만난 독일 아줌마 크리스티나가 나타났다. 비가 오면 걷지 않는다더니, 빗속에도 여기까지 온 것이다. 그러나 그녀는 이곳 이탈리카에서 묵을 것이다. 그녀는 수레에 배낭을 싣고 다닌다. 수레는 매우 가벼웠으나, 프랑세스 길에서도 여러 번 보았지만 너무 길쭉한 게 불편해 보였다.

새 카미노 친구들을 만나다

이탈리카를 잠시 둘러본 후 마련한 간식을 먹고 다시 길을 떠났다. 오늘의 행선지 기예나. 이탈리카 유적지를 벗어나자마자 차들이 왕왕대는 복잡한 순환도로가 나온다. N630. 스페인 서부를 남북으로 잇는 이 간선도로는 플라타 길이 서쪽으로 갈라지는 그란하까지 630km 정도를 카미노와 만났다 헤어졌다 하며 같이 간다. 메리다 방향으로 곧게 뻗은 들판의 진흙길은 비 온 뒤라 질척이는데다 군데군데 물이 고여 있다. 난 비가 갠 것만으로도 감사했다. 피아는 이탈리카에서 휴대폰의 미련을 씻어버렸다. 우린 즐거운 마음으로 노래를 부르며 질퍽한 진흙길을 요리조리 피해가며 걸었다.

저 멀리 높이 솟은 시멘트 굴뚝이 보일 때쯤, 앞서간 사람들이 옹기종기 모여 있는 게 보였다. 처음엔 그들이 그저 쉬면서 두런두런 얘기를 나누고 있는 걸로 생각했다. 그런데 가까이 가서 보니 그들은 불어난 냇물을 맨발로 건넌 뒤 그 뒷수습을 하고 있는 것이었다.

다른 길은 없었다. 만일 앞서 건너간 그들이 없었다면 깊이를 알 수 없는 그 흙탕물 웅덩이를 건너갈 엄두를 낼 수 있었을까. 피아가 카메라를 내게 맡기며 사진을 찍어달라는 말을 남기고 먼저 물을 건너갔다. 피아의 무릎 위까지 적시는 깊이다. 제법 깊다. 게다가 얼마나 차가운지. 맨발에 느껴지는 바닥의 까칠한 느낌은 또 얼마나 섬뜩하던지. 보이는 것과 보이지 않는 것의 차이는 그렇게 크다.

엎어진 김에 쉬어 간다고, 그곳에서 만난 순례자들과 인사를 나누며 젖은 발을 말렸다. 영국 옥스포드에서 온 67세의 수Sue는 얼굴에 장난기가 가득한 키 작은 백발의 할머니다. 스위스에서 온 40대의 잘생긴 흰칠남 베르나르는 수의 아들이나 동생 같아 보이지만 어엿한 카미노 단짝이다. 빼어난 외모에 다소곳해서일까, 베르나르는 왠지 게이 같아 보인다. 프랑스에서 온 다니엘 부부도 60대에 접어든 노부부다. 짧은 인사를 나누고 그들이 먼저 출발한다. 그들이 앞서간 길을 우리가 다시 밟아갈 것이고, 아마 오늘밤 같은 숙소에서 묵을 것이다. 그렇게 만나고 헤어지고 하는 과정을 거치며 우리는 끝내 부둥켜안고 서로 자랑스러워할 '길 위의 친구'가 된다.

두 번의 맨발 도강작전 끝에 첫 행선지 기예나에 도착했다. 기예나 또한 고대 로마도시였다. 이곳에서 발견된 이정표milestone는 세비야의 로마박물관에 보관 중이다. 그렇게 이정표가 있던 곳들 중 일부에 로마는 역참을 두었고 그에 따라 마을이 형성되었다.

기예나에 거의 당도했을 무렵 오렌지 과수원을 만났다. 그 향기가 그야말로 천리향, 만리향이다. 울타리의 철조망이 없었다면 그 향기에 끌려 또 사고를 쳤으리라. 그래서 더더욱 입맛만 다시는데… 다시 자

어제 내린 비로 냇물이 불어났다. 피아의 무릎 위까지 적시는 깊이다. 게다가 맨발에 느껴지는
바닥의 까칠한 느낌은 얼마나 섬뜩한지. 보이는 것과 보이지 않는 것의 차이는 크다.

기 일정표를 조물거리던 피아가 기예나 마을 입구의 공동묘지에 꼭 가보라고 쓰여 있다면서 내 손을 끈다. 아무리 아름답게 치장되어 있다해도 그곳은 죽은 자들의 공간. 성모상과 예수상, 영정사진 속의 인물들과 먼지 쌓인 조화들, 그 모든 묘역의 장치들이 이베리아의 햇볕 아래 온통 하얗게 빛나고 있었다. 눈부신 하얀색의 도가니⋯. 생전 처음 나는 하얀색이 공포스러웠다.

후다닥 산 자들의 공간으로 돌아온 우리는 마을 스포츠센터에 있다는 알베르게를 찾아갔다. 그러나 그 알베르게의 풍경은 더 공포스러웠다. 맨바닥에 매트리스를 깔아주는데 공사 중인지 바닥 중간이 움푹 패었고 거기 물이 고여 있다. 그 웅덩이 둘레로 놓인 네 개의 매트리스. 미리 온 다니엘 커플은 그 넷 중 두 개에 용감하게 몸을 누이기로 했으나, 피아와 난 차마 그럴 용기(?)가 나질 않았다.

우린 즉각 알베르게를 나와 오스탈을 찾았다. 기예나엔 두 개의 오스탈이 있다더니, 한 곳은 문을 닫았다. 선택의 여지가 없다. 피아와 내가 한 방을 쓰고, 각자 20유로씩 낸다. 오스탈의 1층은 바이며 레스토랑이다. 저녁식사 시간, 거기선 우리보다 먼저 온 순례자들이 앉아 식사를 기다리고 있다. 누군지도 모르면서 함께 밥 먹는 법은 없다. 적어도 산티아고 가는 길에서는! 간단히 서로를 소개하고 최종목적지를 나누는 정도는 필수!! 아까 보았던 수 할머니와 베르나르 일행은 살라망카에서 일정을 마친다. 세비야에서 520km 지점이니, 전체 플라타 길의 절반 조금 넘는 셈이다.

처음 보는 쾰른 아저씨 한스도 베르나르처럼 키가 크다. 밤베르크 Bamberg에서 온 하이너호, 라이프치히에서 온 클라우스 바그너는 세비야에서 만났던 친구들이다. 이들 독일 삼총사는 우리와 같이 최종목적지가 산티아고 데 콤포스텔라이며, 오렌세를 경유해서 간다.

독일 삼총사와 어울리는 옥스포드 할머니 수는 영어보다 독일어를 더 많이 쓴다. 1960년대에 독일에서 공부를 해 독일어가 익숙하다는 그녀는 어쩌면 독일 말을 쓰며 젊은 날의 향수를 음미하는 건지도 모른다. 어느 숙소에서든 순례자들이 모이면 유럽의 언어가 총출동한다. 영어와 독일어, 스페인어 그리고 이탈리아어가 분주히 오가는 식탁, 카미노의 저녁 자리는 늘 그렇듯 어런더런 오불고불 정겹기 짝이 없다.

Day 2

기예나 → 카스틸블랑코 데 로스 아로요스(19Km)

Guillena ⟶ Castilblanco de Los Arroyos

엉망진창 진흙길

비 내리는 어두운 아침, 오늘도 빗소리에 잠을 깬다. 옆방의 독일 순례자들이 벌써 나갈 준비를 하나 보다. 느긋하게 출발하려던 마음이 대번에 조급해진다. 비에 젖은 어두운 거리로, 난 판초를 뒤집어쓰고, 피아는 판초에 우산까지 쓰고 나섰다.

비가 내려 더 컴컴한 새벽거리에서 노란색 화살표 찾기가 여의치 않았다. 다행히 일찍 문을 연 바에서 옹기종기 차를 마시던 이들의 도움으로 길을 확인하고 떠났다. 마을을 벗어나기까지는 차가 다니는 도로여서 마음이 놓이지 않았다. 헤드랜턴의 불빛을 깜박이 모드로 고정시키고 앞뒤로 흔들며 갔다.

"운전자 여러분, 조심하세요. 순례자가 나갑니다. 깜박! 깜박! 깜박!"

마을을 벗어나자 오렌지와 올리브 나무 사이로 길이 펼쳐졌는데 정말 엉망진창의 진흙탕길이다. 맑은 날이었다면 이 고운 진흙길은 우리들의 지친 발바닥을 부드럽게 어루만져 주었을 텐데…. 흠뻑 비를 머금은 진흙은 안내책자의 표현대로 '사람 잡는 찰흙 killer mud'이 되어 등산화에 쩍쩍 들러붙는다. 걸음걸이가 무거워진다.

길은 굴곡 없이 계속 지루한 오르막이다. 마천루를 맨손으로 올라가는 거미인간처럼 길에 찰싹 달라붙은 기분으로 우리는 차츰차츰 시에라모레나 산맥을 향해 오르고 있는 것이다. 미끄러운 길 때문에 넘어지지 않기 위해 고양이처럼 등을 구부려야 했지만, 눈길은 잠시도 쉬지 못한다. 아름다운 길을 놓치지 않기 위해 재빠르게 사방을 훑어야 하기 때문이다. 길 양옆 과수원의 둔덕은 토끼굴이 집성촌을 이루었다. 토끼들은 올리브 밭에서 우르르 몰려나와 오렌지 과수원으로 건너가고, 또다시 반대쪽으로 오락가락하느라 분주하다.

과수원이 끝나자 대평원의 밀밭이 펼쳐진다. 다 자란 밀밭은 잔잔한 물결처럼 부드럽게 일렁인다. 이어서 라벤다와 카모마일, 로즈마리가 비바람 속에서 환상적인 색채와 향을 내뿜는 들판이 펼쳐진다. 세상에나…. 피곤한 도보여행자들의 노고는 늘 이런 대자연의 아름다움으로 보상받는다. 그 황홀한 파노라마의 기억이 다시 마음속에서 펼쳐지기에 또다시 배낭을 짊어질 기운이 솟는 거다.

소를 방목하는 두 곳의 개인 농장을 지났다. 말이 농장이지 큰 산 하나의 규모다. 닫힌 문을 열고 들어선 후, 꼭 문을 닫고 돌아서는 건 순례자의 에티켓.

소가 주인인 이곳은 소의 낙원이다. 아름다운 꽃과 풍부한 먹이인 풀, 그리고 맑은 냇물과 새들의 지저귐을 들으며 그들은 산다. 등이 가려운지 잘생기고 튼튼한 껍질을 가진 나무에 기대 쓰윽쓱 비벼

댄다. 다 큰 소는 크고 선한 눈을 꿈벅거리며 우리를 바라보다 제 길을 간다. 어린 송아지는 가는 다리로 부리나케 호들갑을 떨며 도망간다.

귀에 달린 노란색 표찰만 없다면 이들은 인간과 전혀 상관없는 또다른 세계의 귀족 같아 보일 정도다. 그들은 마치 합창의 하모니를 이루듯 바리톤과 테너, 소프라노 음성으로 음메, 음메에, 노래했다. 대화를 주고받는 건가? "음뭐어~. 이 빗속에 저 두 여자는 대체 어딜 가는 거지?" "음머이~. 마이 달링! 그들은 이방인이야. 나나 신경 써줘요."

빗속에 앉을 곳도 없어 쉬지도 않고 다섯 시간을 걸은 뒤에야 아스팔트길을 만났다. 이쯤 되면 얼추 다 온 것이다. 이로써 시에라모레나 대산맥의 일부를 넘었다. 좀더 정확하게는 '세비야 시에라 노르테 자연공원'The Parque Natural de la Sierra Norte de Sevilla을 통과한 것이다. 아스팔트길을 마주하여 왼쪽 방향으로 화살표는 이어졌다.

첫 알베르게

아스팔트길에 주저앉아 좀 쉬었다 가자고 피아에게 말했지만 그녀는 대뜸 "노"라고 거부하고선 단호하게 서 있다. 아니, 다섯 시간을 내리 걸었는데, 피곤하지도 않니? 야속하여라…. 무거운 배낭을 메고서 버티고 선 그녀를 보고 나도 곧 일어날 수밖에. 곧 나타날 듯하던 마을은 거기서도 한 시간이나 더 걸렸다. 호텔 카스틸블랑코를 지나고 주유소가 나오는데, 알베르게는 바로 그 뒤였다. 알베르게의 문은 열려 있었고 깨끗한 시트의 침대가 우리를 기다렸다. 기예나 마을을 벗어난 뒤 이곳까지 오는 동안 우린 길에서 아무도 만나질 못했다. 그런데 누군가 배낭을 벗어놓고 나간 흔적이 보인다. 피아와 내가 2등인 것이다.

아침도 못 먹고 여섯 시간이 넘도록 쉬지도 않고 걸었다. 정말 무지하게 배가 고프다. 그래도 진흙물이 밴 바지자락은 빨아놓고 나가야한다. 신발에 붙은 진흙도 털어내고 침대에 침낭을 풀어놓고서야 비로소 하루를 마무리하는 뿌듯함으로 식사를 했다.

이곳에서는 인증 스탬프 세요sello를 바로 앞의 주유소에서 찍어준다. 숙박비는 누군가 알베르게로 받으러 올 것이라고 했는데, 끝내 아무도 오지 않아 우리는 모두 무료숙박을 했다. 흠뻑 젖은 순례자들이 속속 들어오기 시작했다. 쾰른의 한스, '장다리와 꺽다리' 커플이 된 하이너호와 클라우스, 그리고 보르도와 툴루즈에서 온 두 분의 프랑스할아버지들까지.

뒤이어 옥스포드 여왕님께서 스위스 근위병의 호위를 받으며 들어섰다. 작은 키에 총명해 보이는 눈빛, 익살이 느껴지는 수의 표정에는 늘 매력과 활력이 넘친다. 반백의 곱슬머리를 짧게 커트하고선 군용 베레모처럼 보이는 까만 바스크 모자를 쓰고 있어 품위와 함께 강한 힘이 느껴지기도 한다. 그래서 내가 옥스포드 여왕님이라 불렀더니, "길위에서라면"이라는 단서를 붙이며 내게 윙크를 했다. 함께 걷는 베르나르는 키 크고 잘생긴 44세의 스위스인이다. 이들은 프랑세스 길에서 처음 만난 사이로, 언뜻 보면 모자지간으로 보이지만, 얼핏 스치는 분위기만으로는 연인 같기도 하다. 참 흥미로운 동반자들이다.

플라타 길에 들어서고 처음으로 알베르게에 머문다. 그것도 공짜로! 감사의 표시로 나의 여행 캐릭터가 그려진 노란 부채를 게시판에 걸어놓았다. 내 그림을 본 순례자들이 재밌고 독특한 캐릭터라고 추

라벤다와 카모마일, 로즈마리가 비바람 속에서 환상적인 색채와 향을 내뿜는 들판이 펼쳐진다.
이 황홀한 광경에 다시 배낭을 짊어질 기운이 솟는다.

켜세운다.

비 때문에 밖에 못 나가고 침대 머리맡에서 쉬던 우리 일행은 저마다 프랑세스 길에서의 즐거웠던 경험담을 이야기하며 웃음꽃을 피웠다. 피아와 내가 프랑세스 길에서 만난 인연으로 플라타 길도 함께 걷고 있다는 걸 듣고서는 모두 대단해한다.

피아는 대화를 즐긴다. 모름지기 이탈리아 사람 아니던가. 그녀의 대화는 so much 수준을 넘어 too much다. 그리고 그녀의 대화에는 늘 "인 이탈리아"가 들어갔다. 즉 "이탈리아에선 말이야, 중얼중얼" 이런 타령으로 점철되는 것이다. 가령 바에서 내가 "우노 카페콘레체 그랑데"라고 주문하면 그녀는 즉각적으로 이렇게 말한다. "킴! 이탈리아 커피가 더 맛있어. 커피잔도, 흠흠, 이게 뭐야. 이탈리아에선 이렇게 형편없는 잔에다 주지 않아." 내가 "와우! 이 커피 참 맛있는데"라고 탄복하면, 눈빛조차 아련히 향수에 젖어 "베로나 커피! 흠~ 죽여줘"라면서 손끝을 모아 키스로 날린다. 레스토랑의 음식에 대해서도 "이탈리아에서는 어쩌구 저쩌구…" 식의 촌평을 꼭 곁들인다. 자기 고향의 맛과 멋을 자랑한다는건 그녀가 이탈리아에 대해 남다른 자긍심을 가졌음을 보여주는 것이긴 하지만 그걸 말끝마다 듣게 된다면 피곤하고 짜증날 수밖에 없다. 피아의 '인 이탈리아' 타령은 그만큼 아슬아슬하다.

비를 흠뻑 머금은 진흙은 안내책자의 표현대로 '사람 잡는 찰흙'이 되어 등산화에 쩍쩍 들러붙는다.

카스틸블랑코 데 로스 아로요스 → 알마덴 데 라 플라타
Castilblanco de Los Arroyos → Almadén de La Plata

시에라 노르테의 준령을 넘어

오늘도 비가 내린다는 예보였으나, 이른 아침, 다행히 비가 내리진 않는다. 어제 종일 비를 맞으며 걸은 탓인지 일어나기가 힘들었다. 6시 30분에 일어나 짐짓 서둘러보지만 몸이 무거워 자꾸 굼떠진다. 어쨌든 비 없이 출발하니 마음은 가볍다.

프랑세스 길은 동에서 서로 갔다. 그래서 늘 등 뒤로 해가 떴다. 아침마다 길게 앞으로 늘어지는 내 그림자를 밟으며 갔었다. 플라타 길은 남에서 북으로 올라간다. 그러니 오른쪽에서 해가 뜬다. 멀리 지평선 위로 점점 빛이 밝아왔다. 굳이 뒤를 돌아보지 않아도 아름다운 일출을 곁에 끼고 즐기며 걷는 길이다.

해가 떠오르면 그림자는 내 왼편으로 길게 늘어져 나와 나란히 함께 걷는다. 넓은 아스팔트길을 따라 걷는데, 어랏, 보슬보슬 비가 내리기 시작하더니 오락가락한다. 판초를 써야 할지 말아야 할지, 고민하게 하는 비다. 피아는 우산을 폈다. 난 모자로 버티고 가며 생각했다. '태양의 나라 스페인이 뭐 이래. 음음, 비가 이렇게 계속 내릴 거면 안 싸들고 온 판초를 새로 장만해야겠는걸.'

어느새 비가 그치더니 무지개가 떴다. 거칠 것 없는 하늘에 크고도 선명한 일곱 색깔 무지개다. 아주 오랜만이다. 초등학교 3학년 때였나? 학교에서 돌아오는 길에 소나기를 만났다. 장대비가 쏟아졌는데 친구들과 빗속을 뛰다 지쳐 포기하고 걸을 때쯤 비가 그치고 햇빛이 나기 시작했다. 신발 속에서 물이 찔꺽거리는 소리를 서로 들어보라면서 와자하게 걷고 있는데, 한 친구가 외쳤다. "무지개다" 와! 내 기억 속의 그 첫 무지개는 너무나 크고 선명했다. 이국의 무지개도 그때 그 모습처럼 선명하고 또렷하다.

아스팔트길을 벗어나 시에라 노르테 국립공원으로 들어섰다. 나무 기둥이 모두 벗겨진 숲을 지난다. 코르크 나무다. 흠뻑 비에 젖은 코르크 숲은 건장한 청년들이 근육질의 육체미를 자랑하는 듯하다. 감상에 빠져 걷는데 알록달록 화려한 유니폼의 자전거 행렬이 반대쪽에서 힘들게 올라오고 있다.

"올라, 부에노스 디아스." "올라, 부엔 카미노." 올라오느라 허걱거리면서도 인사에 답을 한다. 오늘은 일요일. 휴일을 맞아 함께 나선 자전거 동호인들인가 보다.

그들이 올라온 산등성이를 따라 내려가니 잘생긴 소나무 숲이 펼쳐졌다. 마치 한국의 소나무 숲 같다. 솔잎이 더 크고 소나무 기둥의 나무껍질은 탐스럽게 튼실했다. 타국에서 만나도 소나무는 우리집 식구처럼 익숙하고 정겹다. 소나무 숲을 내려가니 한 무리의 사람이 짐을 챙기고 있었다. 공원관리소처럼 보이는 건물 주변에 모여 있던 그들에

코르크 나무는 수령 40년이 넘어야 코르크로 사용할 수 있는 껍질을 벗겨낸다.
그것도 10년에 한 번씩이다. 코르크가 귀하니 이제 와인도 최고급에만 천연 코르크 마개를 사용한다.

게 "올라! 여기 화장실 좀 사용할 수 있을까요?"라고 물었더니, 그들은 저 넓은 캄포 토일렛을 사용하라며 팔을 들어 들판을 가리켰다.

그 넉살 덕분에 그들과 우린 함께 껄껄 웃었다. 그중 한 사람이 물과 과일, 그리고 하몽과 치즈가 들어간 바게트를 내밀며 먹겠냐고 했다. 당연히 먹죠! 그리고 고맙죠! 배낭 속에 작은 바게트 하나와 물이 있지만 우린 넙죽 받아들고 먹기 시작했다. 사실 배가 고팠다. 알고 보니 이들은 좀전에 본 자전거 일행을 지원하는 팀이다. 이들은 차량으로 먹을 것을 갖고 와 자전거 팀에게 점심을 제공하고 떠나려던 참에 우리를 만난 것이다. 낯선 사람에게 선뜻 인심을 베푼 이들에게, 그리고 캄포 토일렛을 위트 있게 얘기해준 이들에게 뭔가 답례하고 싶었다. 프랑세스 길의 경험을 통해 난 순례길 내내 감사해야 할 일이 너무나 많이 벌어진다는 걸 깨달았다. 그래서 이번에는 자그마한 답례품을 미리 넉넉하게 챙겨왔다. 배낭을 풀어 나의 캐릭터가 그려진 앙증맞은 전통 부채 하나를 꺼내 일행의 대표에게 주었다. 아! 다들 갖고 싶어하는 시선들의 압박. 잠시 맘이 흔들렸지만, 꾹 참고 맛난 점심에 코를 묻었다. 물론 피아와 난 그들이 떠난 후 적당한 소나무 숲의 캄포 토일렛을 찾아 즐거이 사용했다.

숲길은 진흙이 아니어서 좋았는데, 아, 다시 나타난 진흙길. 그래 좋은 일만 있을 순 없지. 들꽃이 만발한 길을 따라 이번에는 쭉 내려갔다. 한 떼의 매가 하늘 높이 뱅뱅 원을 그리며 난다. 새파란 하늘과 뭉게구름, 그리고 떼를 지어 하늘을 나는 매들! 열심히 셔터를 누르며 가다보니 불어난 냇물이 길을 가로막는다. 미리 그곳에 있던 세 명의 순례자 중 한 명은 이미 건너가 발을 말리는 중이고, 두 명은 신발을 벗고 바지

주말을 맞아 자전거 동호인들이 카미노
에 함께했다. 위는 자전거 지원팀.
낯선 사람에게 선뜻 인심을 베푼
이들에게 내 캐릭터가 그려진 앙증맞은
전통 부채를 선물했다.

를 걷어올리는 중이다. 물살이 거칠고 넓은 냇물이다. 평소에는 징검다리를 통해 넘는 냇물이지만, 그 징검돌이 물에 잠긴 것이다. 피아와 내가 냇물을 건너며 그 차가운 물에 소리를 질렀더니, 방금 냇물을 건너간 한 분이 성큼성큼 물속으로 되돌아와 손을 내미는 친절을 베푼다.

스페인의 사라고사에서 온 이들은 어린 시절의 단짝친구들이라고. 그들이 발을 말리고 떠날 때 우리도 서둘러 일어났다. 하늘의 매가 떼를 지어 나는 모습은 분명 아름다웠지만, 그건 곧 매가 노리는 짐승이 매우 가까이 있다는 뜻이기도 하다. 이곳에선 늑대도 나타난다는 스페인 순례자들의 말에 덜컥 겁도 났다.

저마다의 걷는 법

오늘 가야 할 길은 30km. 우리 걸음으로 쉬지 않고 빨리 걸어도 8시간 정도 걸리는 거리다. 그리고 가까이 마을도 없다. 아무리 휘휘 둘러보아도 겹겹이 능선으로 계단을 이룬 산맥들뿐이다. 얼마 못 가 또 불어난 물을 건너고, 이어 어린 소나무가 줄지어 조림된 산등성이를 따라 걷는데 옥스포드 여왕님이 스위스 근위병과 배낭에 기대 누워 시에스타를 즐기는 모습이 보였다. "올라! 퀘탈?" "올라! 흐흠, 무에비엔, 무차스 그라시아스." 이 정도의 스페인어 인사를 주고받으며, 물을 몇 번 건넜는지, 어디서 뭘 봤는지, 두런두런 얘기를 나눴다. 이들은 쉴 때 푹 쉬며 잠시 낮잠도 즐긴 후 걷는단다.

옥스포드 여왕님이야 든든한 근위병이 있으니 염려 없이 쉬겠지만, 우린 부지런히 걸어 안전한 곳에서 쉬는 쪽을 택했다. 마을에 이르는 가파른 언덕을 오르기 전에도 등산화의 발등까지 적시는 물길을 자박 자박 걸어야 했고 물 고인 웅덩이를 피해 요리조리 춤을 추듯이 걷기도 했는데, 피아는 아예 스포츠 샌들을 꺼내 신었다. 그녀는 낮은 운동화를 신었는데 그것이 푹 젖었기 때문이다. 물에 젖은 샌들을 신고 오래 걸으면 물집이 생길 텐데, 염려스럽다.

가파른 경사를 만났다. 이 가파른 경사만 오르면 거의 마을에 도착한다. 헉헉거리며 올라간 고갯마루. 워낙 바람이 거세 몸을 가누기도 힘들 지경이다. 무릇 바람 거센 언덕은 전망도 좋은 법. 거기 전망대를 꾸며놓고 시에라 노르테의 지도가 그려진 안내판도 설치해 두었다. 시에라 노르테 국립공원은 대준령 시에라 모레나의 일부분이다. 그중 하나의 험한 고갯길을 막 넘어온 것이다.

가파른 내리막길 아래 오늘의 목적지 알마덴 데 라 플라타가 보였다. 그때 갑자기 폭우가 쏟아지기 시작했다. 장대비는 사정없이 옷 속으로 타고 흘렀다. 정말 기상이변 수준의 비다. 마을이 빤히 보이는 곳에 와서 이런 비를 만난 게 그저 다행이다 싶을 정도다.

알베르게에 도착하니 세찬 비에 흠씬 두들겨 맞은 몸이 후들후들 떨리기 시작한다. 짐 정리는 고사하고 가방을 침대에 팽개치다시피 한 뒤 서둘러 뜨거운 물로 몸을 녹였다. 그래도 쑤신 몸이 심상찮아 알카젤처순례자의 필수품인 종합감기약를 물에 타 마시고 얼른 침낭 속으로 기어들었다. 갑자기 까닭 모를 눈물이 쏟아진다. 누에고치 같은 침낭 속에서 소리 없이 웅크리고 흐느끼다 까무룩 잠이 들었다.

모레나 산맥의 고갯길을 넘어
알마덴으로 가는 길. 바람이 거세다.
바람 거센 언덕은 전망도 좋다.

알마덴 데 라 플라타 → 엘 레알 데 라 하라(17km)

Almadén de la Plata —→ El Real de La Jara

고달픔의 끝은 늘 즐거움이니

부스럭대며 준비하는 소리에 눈을 떴다. 침낭의 지퍼를 열고 일어나니 짐을 꾸리던 다니엘 여사가 걱정스런 표정으로 뭐라 한다. 클라우스와 한스도 내게 다가와 괜찮은지 염려의 말을 건넨다. 밤새 무슨 일이 있었나? 알베르게 우리 방의 식구들은 모두 일어났다. 아예 불을 켜고 이야기를 나누며 길 떠날 채비를 했다. 한스의 얘기로 내가 밤새 끙끙 소리를 내며 잠을 잤으며, 알베르게 오스피탈레로^{알베르게 관리인}가 숙박비를 받고 세요를 찍어주기 위해 왔는데 나를 깨워도 일어나지 않았다는 것. 덕분에 난 공짜로 숙박했다. 저녁식사를 해야 좋을 것 같아 깨웠을 때도 움직이지 않고 잠을 잤다는 것이다.

으흠… 정말이지 완전 뻗어서 잠이 들었나 보다. 전날의 일정이 엄청 힘들었던 거다. 밤새 입술 가장자리에 툭툭 불거져 나온 물집이 몇개 생겼고 입안은 온통 다 헐어 버렸다. "어? 그럼 힘겹게 온 이 마을의 세요를 어디서 받지?" "경찰서로 가든가, 아님 운 좋은 바를 만나야겠지." 한스의 말이다. 모두들 하나둘씩 출발하고 우리도 알베르게를 나왔다. 세요보다는 밥이 먼저다. 그래야 걸을 것 같다. 다행히 오늘 일정은 17km. 우린 좀 느지막하게 출발하면서 컨디션을 조절하기로 했다. 피아 역시 상당히 피곤해하는 눈치다.

마을길을 돌며 열린 바를 찾다가, 어제 캄포 토일렛을 일러준 그 유쾌한 사람을 만났다. 내가 그를 알아본 게 아니라 그가 동양 여성인 나를 쉽게 기억했기 때문이다. 그에게 열린 바를 물으니 모퉁이를 돌면 바로 만날 수 있다면서, 세요를 받았으면 좋겠다는 내게 자신을 따라오라고 한다. 그를 따라간 사무실에는, 어제, 간절한 눈빛으로 내 부채를 바라보던 한 여자가 앉아 있었다. 사무실은 이 마을의 면사무소 같은 곳으로서 마을 발전을 위한 사업을 하는 부서였다. 어제 행사는 코카콜라의 후원을 받아서 시에라 노르테 공원을 일주하는 자전거 하이킹프로그램이었다고 한다. 유쾌한 기분으로 세요를 받았다. 그리고 배낭에서 부채를 꺼내 그림을 그리고 사인을 해 그녀에게 선물로 주었다. 그녀는 나를 끌어안고 양볼에 키스를 하며 좋아했다. 작은 정성에 비해 돌아오는 기쁨이 너무 큰 것, 그게 카미노의 법칙 중 하나이기도 하다.

바에서 따끈한 커피와 빵으로 배를 채우고 즐겁게 길을 떠났다. 피아는 오늘 자기만 따라오라며 자신의 일정표를 흔들었다. 두 가지 길이 있는데 하나는 보행자용이고 하나는 자전거도로다. 보행자도로는 17km인데, 산길이어서 비로 인해 질펀할 것이고 가끔씩 길이 폐쇄되기도 한다고. 반면 자전거도로는 14km의 아스팔트길이라는 것. 뭐라

들판에 풀어놓은 양의 방울소리가 듣기 좋다. 이곳은 새소리도 다양하다.

고? 3km나 길어? 산길? 엉망진창 진흙구덩이? 좋아, 자전거도로! 우리는 하이파이브를 하며 갈 길을 결정했다.

마을을 빠져 나가는데 고소한 빵 굽는 냄새가 진동한다. 역시나, 문을 활짝 열어 놓은 빵가게가 나타났다. 재래식 화덕에서 직접 굽는 빵집이다. 빵을 살 수 있냐는 말에 웃으며 빵들을 나란히 늘어놓은 곳으로 데리고 갔다. 빵을 식히는 중이다. 가장 많이 식은 빵을 하나 들어주었는데 내 얼굴보다 큰 둥근 빵이 겨우 1.25유로다. 값도 싸거니와 그 따뜻한 촉감과 갓 구워낸 화덕 내음까지, 그야말로 최고!

뜨끈한 빵조각을 요리조리 뜯어먹는 복을 누리며 걷는 넓은 길을, 우리는 깔깔거리는 웃음소리로 채우며 간다. 길 양옆으로 코르크 숲이 이어진다. 그 숲 속에는 흑돼지들이 돌아다니고 있다. 탄탄한 몸매의 흑돼지들은 최적의 환경에서 도토리를 먹으며 자란다. 최상품 하몽 Jamon은 도토리를 먹고 자란 이베리코 돼지로 만든 것으로, 에스트레마두라 지역 상품을 최고로 친다. 아직 이곳은 안달루시아다. 엘 레알 데라 하라는 안달루시아와 에스트레마두라 두 주의 경계선에 있는 마을이다. 궁금했던 에스트레마두라의 흑돼지 사육 현장을 미리보기로 구경하며 걷는 것이다.

피아가 꽃이 예쁘다며 들여다보다 기절초풍 소리치며 뒷걸음쳤다. 뱀을 본 것이다. 프랑세스 길에서도 길가에 꽃들이 만발했지만 여기선 그곳보다 더 다양한 꽃이 길가에 가득하다. 라벤더, 카모마일, 로즈마리 같은 허브도 길가에 지천으로 피어 있다. 라벤더의 보랏빛은 귀족의 색이다. 고대 로마 귀족들은 조개에서 채취해 만든 자주색의 옷을 좋아했다. 바로 이 라벤더의 빛깔이다.

피아는 마을 사람들만 보면 말을 건다.
이탈리아어와 스페인어는 엇비슷한 단어가
많아 말이 잘 통한다.

새소리 또한 다양하다. 곳곳에 양을 풀어놓은 목장을 지나는데 양들의 방울소리도 듣기 좋다. 양들이 떼를 지어 있는 곳을 지날 때다. 오직 한 마리의 양이 다르게 소리를 냈다. 다들 매에~ 매에~ 하는데 유독 한 마리만 흠매에~ 흠매에~ 거렸다. "피아! 쟤는 독일 양인가 봐. 클라우스! 라고 부르면 야아하! 한스 야아하! 라고 대답하듯이 그런 목소리로 음매거리잖아." 피아는 그 큰 배낭을 메고 고꾸라질 듯 허리를 꺾고 웃었다. 잘 웃는 피아가 좋다.

"인 이탈리아~ 인 이탈리아~"

3시간 40분 만에 목적지인 엘레알 마을에 도착했다. 마을 어귀에서 지나는 할머니께 길을 물어 지방자치 사무실로 갔다. 사실 길을 묻지 않아도 된다. 그러나 피아는 관심을 갖고 바라보는 사람들에게 말 걸기를 즐긴다. 물론 자신이 이탈리아 베로나에서 왔음을 자랑스럽게 말하는 걸 절대로 빼놓지 않는다. 이탈리아어와 스페인어는 엇비슷한 단어가 많아 대략 60퍼센트 정도는 쉽게 통하는 것 같았다. 그러니 피아가 말하기를 즐길 만도 하다. 아윤타미엔토는 면사무소보다는 마을회관에 더 가깝다. 수영장도 있고 노인들이 뭔가를 배우는 교실도 있다. 아윤타 벽에는 할아버지들이 줄지어 기댄 채 우리의 걸음을 따라 얼굴을 돌리며 바라보았다.

아윤타미엔토에서 8유로를 지불하고 우리의 인적사항을 기록한 후 세요를 받았다. 알베르게의 지도와 위치 설명을 들은 후 열쇠를 받았다. 알베르게는 마을 입구의 산자락 밑이지만 그리 멀지는 않았다. 알베르게에 들어섰는데, 우리보다 먼저 출발한 일행이 보이질 않는다. 아마 산길을 택해서 걸어오나 보다. 알베르게는 깨끗했다. 부엌도 있다. 도착하자마자 어제 못한 빨래부터 해치웠다. 오랜만에 햇빛에 빨래를 널어놓으니 기분이 상쾌하다. 몸도 상쾌해져야겠기에 우리는 낮잠을 청했다. 그 사이 일행들이 하나둘씩 들어왔다. 늦게 출발한 우리가 먼저 와 쉬고 있는 걸 보고 어찌된 일이냐고 눈이 동그래진다. 산길을 택한 그들은 고생 좀 한 듯하다. 그들이 자전거길을 모른 건 아니지만, 산길도 17km의 짧은 코스였기에 그쪽의 멋진 풍경을 택했다 혼이 난 것이다.

이곳에서 새로운 프랑스인 앙드레와 탕퀴를 만났는데, 그들도 저녁을 만들어 먹자는 피아와 나의 제안에 흔쾌히 응했다. 시에스타가 끝나는 시간에 맞춰 장을 볼 겸 마을길로 나섰다. 좁은 골목길에 제비들이 분주하다. 판초를 사려고 마을 잡화점에 들어갔는데 판초가 없어 그 대신 우산을 하나 샀다. 슈퍼에서 물건을 고르는데 또 피아가 "인 이탈리아"를 연발한다. '으이그…. 이제 슬슬 지겨워지는걸….' 스파게티를 달랑 500g 한 팩만 사는 그녀. 500g이 4인분이라는 것. 아무래도 양이 작을 것 같아 좀더 사자고 해도 그녀는 고개를 살래살래 흔들며 막무가내다.

부엌은 혼자 움직이기에 알맞은 공간이다. 피아 혼자 베로나 스타일 스파게티를 만드는 동안, 한스, 클라우스, 하이너호, 다니엘 커플 그리고 여왕님과 근위병은 어슬렁어슬렁 레스토랑으로 내려갔다. 우리의 저녁 식탁은 피아가 만든 스파게티와 앙드레와 탕퀴가 산 포도주 세 병 그리고 푸딩. 너무 허전할 듯싶어 내가 따로 준비한 과일도 곁들였다. 와우! 피아의 스파게티는 정말 대박이다. 앙드레와 탕퀴도 그 맛에 반해 엄지를 세웠다. 하지만 예상대로 양은 모자란다. 피아는 자신이 배부르면 남들도 그 양이 맞을 것으로 생각하는 모양이다. 피아 빼고 우리 셋에게는 부족한 양이다. 우린 그 말을 차마 하지 못했다. 그 대신 내일 먹으려고 사둔 간식이 앙드레와 탕퀴의 배낭에서 슬그머니 나왔다.

레스토랑에서 식사를 마치고 온 일행이 포도주 한 병씩을 들고 와 우리의 저녁 식탁에 동석했다. 이들의 배낭에서 안주거리들이 나오기 시작하면서 식탁이 한결 풍성해졌다. 밤이 늦도록 자리가 길어진다. 프랑스어, 영어, 이탈리아어, 독일어가 혼합된 언어였지만 충분히 이해할 수 있는 말들이다. 이들은 스페인산 포도주의 맛이 좋다며 특별히 탐나는 포도주는 수첩에 적었다. 포도주의 나라인 이탈리아, 프랑스, 독일에서 온 친구들은 스페인의 값싸고 맛난 포도주에 빠져 일인당 두 병쯤은 거뜬히 비운다. 탕퀴가 내민 디저트용 백포도주는 오크향이 진하며 달콤했다. 앙드레는 갈리시아산이라며 손을 치켜 올렸다. 일행의 친밀함이 돈독해지는 좋은 저녁 시간이었지만…

마냥 좋지만은 않다. 이렇게 술까지 곁들인 저녁 자리가 파하면 그날 밤 잠자리에서는 코 고는 소리가 돌비시스템으로 울려퍼진다. 그래도 얼마나 좋은가. 하루가 즐겁게 마무리되면 다음 날 새벽은 그저 즐거운 법이니까.

엘 레알 데 라 하라 → 모네스테리오(21km)

El Real de La Jara $\longrightarrow$ Monesterio

하몽! 하몽! 하몽!

플라타 길에서의 다섯째 날. 길은 순조롭다. 노란색 화살표 역시 곳곳에 잘 표시되어 우리를 이끈다. 코르크 숲과 상수리나무 숲이 이어지며 흑돼지들의 낙원이 펼쳐지는 농장 길을 따라 꾸준히 올라간다. 고도 800m 지점에 오늘의 목적지 모네스테리오가 있다.

뜨거운 태양과 시원한 바람, 아, 이제야 좀 스페인 같다. 오늘은 어제부터 좀더 친해진 일행들과 앞서거니 뒤서거니 하며 걸었다. 불어난 냇물 때문에 도강 작전을 벌써 다섯 번이나 벌여야 했지만, 그래도 화창한 날씨에 들떠 우리는 노래를 부르며 길을 갔다. 피아는 베르디의 오페라 「나비부인」을 한 소절 부르고, 하이너호는 자신의 애창곡이라며 뭔지 모를 독일 노래를 부르고, 바그너는 로시니의 오페라 중 한 곡을 불렀다. 난 한번 시작하면 내리 부르는 체질. 뽕짝에서 락, 팝송, 가곡에 나름대로 편곡(?)까지 곁들여 부른다. 우린 서로가 아는 팝이나 오페라의 아리아, 독일가곡 같은 게 나오면 함께 흥얼거린다. "볼라레 오호호오~ 칸타레 오호호오~." 새들은 날아가고 노래는 즐겁다.

도대체 피아는 쉴 줄을 모른다. 화장실도 잘 가지 않는다. 내가 좀 쉬었다 가자고 하면 배낭을 내렸다 올렸다 하는 게 싫다면서, 그냥 서서 쉬거나 아예 쉬지 않고 천천히 걸어간다. "킴! 난 이탈리아 북부 베로나 여자야." 그녀가 지난번 프랑세스 길에서 한 말이다. 이탈리아 북부사람들은 걷는 것을 매우 잘하며, 중부사람들은 먹는 것을 잘하며, 남부사람들은 노래를 잘한다고 했었지….

옥스포드 여왕님도 다부지게 걷는다. 그녀는 대단한 에너지의 소유자다. 지칠 줄 모르는 건전지를 집어넣은 로봇 같은 느낌. 그녀의 에너지는 곳곳에서 충분히 쉼으로써 재충전된다. 그런데 피아는 쉬엄쉬엄 갈 줄을 모른다. 프랑세스 길에서 헤니와 얀이랑 걸을 때 우린 충분히 쉬면서 길을 즐기며 걸었다. 잘 걷는 동행보다 잘 쉬는 동행이 난 더 좋다. 잘 쉬는 이 말이다, 마냥 쉬는 이가 아니라.

이곳 모네스테리오에도 알베르게가 있었지만, 지금은 적십자 마크를 붙여놓고서 폐쇄된 상태다. 모네스테리오에 도착한 한스 일행은 마을 입구에 있는 모야호텔로 갔다. 19유로란 말에 피아는 그녀가 신봉하는 일정표에 적힌 대로 12유로의 오스탈 에스트레마두라로 찾아갔다. 에스트레마두라 오스탈 주변에는 몇 개의 오스탈이 몰려 있다. 한 바의 파라솔 아래 앙드레와 당퀴가 앉아 손을 흔들며 우리를 환영했다. 오스탈에 짐을 풀고 앙드레가 있는 바로 갔다. 날씨는 화창했지만 걷지 않으면 춥다. 난 따뜻한 햇빛이 비치는 테이블에 앉아 커피를 주문했다. 앙드레와 당퀴는 우리와 다른 인근 오스탈에 짐을 풀고 차가

에스트라마두라 숲은 검은 돼지들의 낙원이다. 쾌적한 환경에서 자란 돼지로 스페인의 전통 음식 하몽을 만든다. 하몽은 소금에 절여 건조한 돼지 다리로 만든 햄으로 와인과 어울리는 최고의 안주다.

운 비노 블랑코를 즐기며 휴식을 취하는 중이다.

앙드레는 식물박사다. 당퀴는 전직 교사. 65세인 이들은 친구 사이다. 앙드레는 사교성이 좋고 유쾌한 사람이다. 먼 곳에 시선을 두고 구름 따라 마음을 실어 보내며 문득 떠오른 친구들을 그리워하는데, 다니엘 내외와 스위스 근위병이 바에 들어선다. 아직 숙소를 정하지 못한 그들을 우리가 머무는 오스탈로 안내했다. 가장 싼 오스탈이니까. 방은 깨끗하고 시트도 방금 간 듯 향긋한 세제 냄새가 남아 있는, 낡았지만 정성이 느껴지는 오스탈이다.

이곳은 에스트레마두라 주의 바다호즈 지방의 모네스테리오다. 이를테면 강원도 속초시 고성군과 같다. 하몽과 햄의 원조로서 최고의 상품을 만들어낸다는 자부심으로 이곳에서는 매년 9월 첫 주에 디아 델 하몽Dia del Jamon이란 축제를 연다. 마을에는 하몽 간판이 달린 집이 줄지어 있으며, 하몽을 얼마든지 시식할 수 있다. 들어가긴 쉽지만 나오긴 어렵다. 하몽의 맛까지 보고서 그 유혹을 떨치고 그냥 돌아서 오기란, 어휴, 정말 힘들다! 하몽이 빽빽하게 걸린 한 가게를 골라 들어갔다. 즉석에서 잘라 내미는 맛보기 하몽이 구수하다. 일행은 각자 좋아하는 부위로 슬라이스 몇 조각씩을 샀다. 3유로가 채 되지 않는다.

오스탈 방에서 우리 둘이 TV를 보며 장을 본 것으로 오붓하게 저녁을 먹었다. TV에서는 유럽 전역에서 인기가 높다는 퀴즈프로그램이 한창이다. 피아의 사위, 즉 큰딸 줄리아의 남편인 조반니가 2007년 2월 3일에 이 프로그램에 나갔는데 30만 유로의 큰 상금을 받았다고 한다. 이 퀴즈게임에는 세 명의 도우미를 쓸 수 있는데 자신이 그 도우미 세 명 중 한 명이었다고.

줄리아와 조반니는 그 상금으로 집을 샀는데 피아가 7만 유로를 보태주었다고 한다. 피아가 늘 당당한 이유는 그녀의 경제력과 정말 잘 키운 딸 둘이다. 피아의 그런 자부심을 다 인정하지만 자신과 다른 사람, 다른 문화도 동등하게 인정하는 자세는 매우 부족함을 느낀다. 그녀의 '인 이탈리아'가 귀에 거슬리고 버겁기 시작한 것도 그 때문이다.

복잡한 알베르게보다 훨씬 편한 오스탈의 작은 방이지만 조금씩 친해지던 사람들과의 왁자한 대화가 없어서일까? 아쉬운 맘으로 저녁이 저문다.

산티아고 데
콤포스텔라
패드론
레돈델라
카미냐
브라가
포르투
라메구
코임브라
카스텔루
브랑쿠
산타렝
리스보아
에보라
베자
라고스
파루

산탄데르
푼페라다
레온
부르고스
오렌세
푸에블라 데 사나브리아
샤베스
사모라
살라망카
칼사다 데
베하르
마드리드
카세레스
메리다
카스투에라
사프라
코르도바
세비야
그라나다

플라타 길
에스트레마두라 이동경로
모사라베 길

에스트레마두라

생장피드포르
팜플로나

발렌시아

무어인들의 시기, 에스트레마두라는 무어의 땅 안 달루시아와 가톨릭의 땅 카스티야 사이의 완충지 대로서 '버려진 땅' 취급을 받았다. 카미노 주변의 조그만 마을들은 무어의 땅과 가톨릭의 땅 사이 힘겨루기인 레콩키스타 기간에 군사요새로 형성 된 것들이 많다.

지금도 한적한 전원지대가 가없이 펼쳐지는 저지 대인 이곳에서는 마을과 마을 사이 거리가 멀어 열사의 태양 아래 걷기에는 아주 힘들다. 하지만 가을이면 멋지게 영그는 포도밭 사이로 거니는 기 쁨이 배가되기도 한다.

오늘날의 고적함과 마찬가지로, 에스트레마두라 는 역사 속에서도 그리 각광받는 곳이 아니었다. 그래서 외따로 떨어진 도시 메리다는 오늘날 스 페인에 남겨진 로마제국의 유적을 가장 잘 보존 한 곳으로 남을 수 있었다. 다른 도시인 사프라의 구도심도 어여쁘고, 카세레스의 대저택 솔라레스 solares 밀집지구도 유명하다.

'세르도 이베리코'라는 품종의 돼지에서 생산된 하몽과 소시지가 유명하며, 전통 음식의 향연은 각 마을 특히 고립된 수도원마다 특별한 풍미를 선사한다. (대표적 프랑스 요리로 얘기되는 '푸아 그라'도 나폴레옹 군대가 이곳의 어느 수도원 요 리법을 수입해 보급한 것이라고!)

모네스테리오에서 바뇨스 데 몬테마요르 사이의 이 카미노 구간은 마일스톤이나 돌 포장 등 옛 로 만로드의 흔적을 가장 잘 간직하고 있다. 저지대 라 걷는 데 큰 어려움은 없지만 카르카보소~알데 아누에바 구간은 일일 도보거리가 38km에 이르 는 등 구간거리가 길어 준비(식수, 음식 등)를 단 단히 하고 나서야 한다. 총연장 325km.

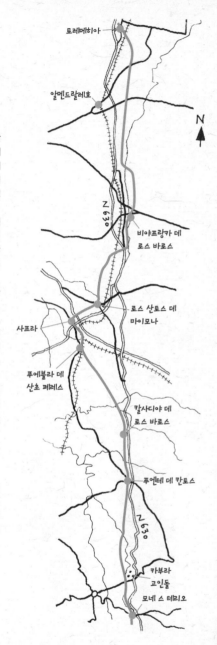

모네스테리오 → 푸엔테 데 칸토스(22km)

Monesterio → Fuente de Cantos

영상 스케치

서울에서 떠나던 날, 마지막까지 고민했다. "비디오카메라, 이거 가지고 가? 말아?" 충전기와 배터리까지 포함하면 장거리 도보여행자에게 커다란 짐이 아닐 수 없다. 날씨도 화창하리란 예보에 처음으로 그 카메라를 꺼내들었다. 막판에 눈 딱 감고 집어넣은 값 좀 하려나?

안개 자욱한 이른 아침. 아침 햇살이 스며들기 시작하는 숲은 아름답기 그지없다. 이슬을 머금어 촉촉한 나뭇잎과 풀밭 위로 쏟아졌다 튕겨오르는 빛들의 조화가 경이롭다. 조용한 아침, 물빛 공기와 부드러운 바람, 새소리, 물소리, 그 속으로 명상을 하듯 걸어가는 순례자들….

비디오카메라까지 찍다 보니 일행보다 한참을 뒤처져 걷는데, 낯선 순례자가 뒤에서 "안녕하세요"라고 한국어 인사를 건넨다. 나를 보고 한국인임을 안 그는 프랑크푸르트에서 온 독일인이다. 프랑크푸르트엔 한국인이 많이 사는데, 자신의 절친한 한국 친구 덕분에 한국 음식

모레나 산맥을 넘어 에스트레마두라 지역으로 들어서면 카미노는 하염없는 들판 속으로 뻗어 있다.

과 한국을 사랑한다는 그. 나는 지금까지 많은 나라를 여행하며 많은 나라의 친구를 사귀었고 메일을 주고받는다. 나도 나의 외국 친구들이 내 나라 음식과 문화를 아끼고 대한민국을 사랑한다고 말할 수 있기를 바란다.

마드리드에서 온 두 사람과 한 시간 정도 함께 걸었다. 이 스페인 남자 중 한 사람은 서울에도 다녀왔다고 하며 영어도 잘했다. 이들은 간식과 물만 챙긴 배낭을 메고 걷는다. 세 친구가 일주일 동안 여행을 하는데, 둘은 걷고 다른 친구 하나가 자동차로 짐을 싣고 이들이 머물 도착지의 오스탈에서 기다리는 식이다. 그렇게 닷새 동안 걸어 메리다에 도착한 뒤 그곳을 관광하고 마드리드로 돌아가는 일정이다. 카미노 노르테영어로는 노던웨이에서도 이런 식으로 여행하는 스페인 사람들을 몇 번 보았다.

오늘도 징검돌을 삼켜버린 냇물을 몇 차례나 맨발로 건넜다. 날씨가 더우니 차가운 냇물에 발을 담그는 기분도 상쾌하다. 말을 자유롭게 풀어놓은 농장을 지나니 밀밭과 라벤더 꽃 들판이 끝없이 펼쳐진다. 꽃 들판 한복판에서 피아가 간식을 즐기며 나를 기다리고 있다. 빵에 치즈와 하몽 또는 햄을 꼭 넣어 먹는 피아. 그녀는 오렌지와 바나나가 든 간식봉투를 한 손으로 꼭 안고 걷는다. 난 마을에 도착해 과일과 하몽, 빵 따위의 먹을거리를 장봐서 저녁과 아침으로 먹고, 걸을 땐 가벼운 빵만 배낭에 넣고 다닌다. 길에서 쉴 땐 빵과 물로 가볍게 먹는다. 피아는 무거운 간식봉투를 그냥 들고 다니는데, 간혹 과일을 다음 날까지 들고 가기도 한다. 때론 그런 피아의 모습이 무척 답답해 보이기도 한다. 어휴, 억척스런 베로나 아줌마 같으니….

마을이 가까워질 무렵 돼지 농장을 지나는데 마침 새끼돼지들에게 노란 귀걸이(아마도 돼지 신분증?)를 피어싱 하고 있다. 수의사인 듯한 사람이 지켜보는 가운데 농장 사람들이 기술적으로 귀걸이를 피어싱 한 후 커다란 차의 돼지 우리로 싣는다. 새끼돼지들은 애완용인가 싶을 만큼 예쁘다. 마을 앞에서 양떼를 몰고 이동하는 목동을 만났다. 양 무리의 앞과 뒤를 부지런히 돌아다니는 양치기 개들은 목동과 찰떡궁합 한 팀이다.

플라타 길을 찾는 이는 많지 않다. 그래서 만나게 되는 친구도 프랑세스 길보다는 적다. 그런데 이들 대다수는 프랑세스 길을 이미 걸은 이들로서, 스스로 말하기를 걷는 매력에 푹 빠졌다거나 걷는 즐거움에 중독되었다고 한다. 현재까지 매일 같이 걷는 친구들은 프랑스 네 명, 스위스 한 명, 영국 한 명, 독일 세 명, 이탈리아 한 명 등 나까지 모두 열한 명이다. 물론 알베르게에서는 자전거 순례자들이나 하루에 40km 이상씩을 걷는 이들이 가끔 합류하지만, 이들은 우리보다 늦게 출발해도 앞질러 내빼는 이들이어서 같이 걷지는 못한다. 짬짬이 비디오카메라를 찍으며 드디어 알베르게에 도착해, 알베르게 스케치까지 테이프 하나를 완성했다.

파라다이스 in 샤워부스

푸엔테 데 칸토스의 알베르게는 시설이 대단히 빼어나다. 무엇보다 샤워실이 압권이다. 따끈한 물로 폭우처럼 쏟아지는 샤워를 할 수 있다는 건 순례자들에겐 낙원의 기쁨이다. 샤워실은 남녀 공용이다. 샤워부스에 여럿이 들어갔고 세면대에선 다른 일행이 빨래를 한다. 칸

칸이 길게 늘어진 샤워부스(문 달린 공중전화 박스를 상상하시라. 문의 아랫부분은 뚫려 있어 샤워 중인 순례자들의 맨발목 구경이 가능하다.) 안에서 아낌없이 쏟아지는 뜨거운 샤워를 즐기던 벌거벗은 남녀 순례자들의 그 콘서트를 어찌 잊을까. 샤워부스의 클라우스가 베르디의 「축배의 노래」를 뽑는다. 샤워 하던 나도, 빨래하던 피아도 따라 부른다. 노래가 푸니쿨라로 바뀌자, 이번엔 샤워부스의 하이너호도 따라 한다. 독일 가곡에 이어 팝송까지, 우리는 그렇게 한목소리로 카미노의 즐거움을 노래했다. 그것은 분명 낙원의 음악이었다! 도보여행자들의 행복은 아주 가까운 곳에 있다. 힘들게 걸은 뒤 만나는 뜨거운 샤워, 맛있는 음식, 포근한 잠자리, 그것으로 족한 것이다.

푸엔테 데 칸토스는 스페인의 유명한 화가인 수르바란Zurbarán이 태어난 곳이다. 이 알베르게의 전시실에는 그의 흉상과 그의 작품의 모사품이 전시되어 있다. 그는 성자들의 그림을 주로 그렸다. 그의 진품들은 프라도와 사프라의 교회에 있다. 내일이면 사프라의 교회에 가서 그의 작품을 보게 될 것이다. 프라도 미술관에 있는 그 유명한 「궁정의 시녀들」Las Meninas을 그린 벨라스케즈Velázquez와 동시대 사람이다. 전시실에 있는 그의 작품 안내를 보고 있는데, 반가운 작품이 눈에 띈다. 언젠가 미술관 순례여행 때 들렀던 프라도에서 본 그림이다.

화사한 햇살 아래, 알베르게의 빨랫줄 가득 순례자들의 옷들이 살랑살랑 어울려 단란하고, 옥스포드 여왕님과 근위병은 때를 놓칠세라 선탠을 즐기며 책을 본다. 피아도 오늘 따라 더 즐겁다. 앙드레가 갈리시아산 디저트 포도주를 사와 그녀에게 내밀었기 때문이리라. 사실 피아와 난 술을 잘 하지 않지만, 알베르게에서 여행자 친구들과 나누는 포

알베르게의 빨랫줄 가득 순례자들의 옷이 화사한 햇살 아래 널려 있다.

도주는 그야말로 신령한 물방울 같다.

오늘은 피아와 나, 앙드레와 탕쿼가 한방을 쓴다. 앙드레의 코 고는 소리는, 또 하나의 압권이다. 피아는 다른 이들의 코 고는 소리를 흉내 내며 심하다고 때론 그들에게 투덜거리지만, 자신의 코골이도 어지간하다는 걸 모르는 걸까? 난 내가 가끔 코를 곤다는 것을 잘 안다. 어떨 땐 내 코 고는 소리에 잠이 깰 때도 있다! 우리가 쓰는 알베르게는 혼자 쓰는 곳이 아니므로 코골이에 대한 타박은 예의가 아니다. 스스로 못 견디겠다 싶으면 오스탈로 가면 된다. 알베르게에서 코 고는 소리를 듣지 않는 나만의 비법이 있는데, 살짝 일러드리자면, 그들보다 먼저 잠이 들어버리면 된다!

푸엔테 데 칸토스 → 로스 산토스 데 마이모나(32Km)

Fuente de Cantos → Los Santos de Maimona

길 잃은 달팽이처럼 어긋난 길

원래 오늘의 목적지는 푸에블로Pueblo였다. 그러나 피아가 친구들이 사프라Zafra까지 가니 우리도 그곳까지 가자고 해서 한 시간 더 걸어가는 사프라가 목적지가 되었다.

키 큰 독일 남자들과 프랑스인들을 따라 걷기는 힘들다. 보폭도 크고 걸음도 빨라 나보다 1.5배는 더 빨리 간다. 피아 역시 걸음이 빠르다. 그녀는 잘 쉬려고도 하지 않는다. 나이는 58세이지만 겉으로 보기에는 68세처럼 나이 들어 보인다. 하지만 체력은 40세 같다. 목적지로 가는 동안 알베르게와 바와 레스토랑이 있는 마을을 두 곳 지나므로, 따로 간식을 준비하지 않았다. '그래! 평균 25km 정도는 거뜬히 가지.' 오늘 루트는 오르내림이 거의 없는 평탄한 길이다. 느긋하게 8시에 출발한다. 프랑세스 길에서라면 이렇게 느긋한 출발은 꿈도 못 꾼다. 서둘러 도착해 알베르게의 침대를 차지해야 곤란을 겪지 않으니까. 하지

우리는 북쪽으로 걷는다. 해가 우리 오른편의 동쪽에서 떠오르면 긴 그림자가 늘 이렇게
서쪽으로 늘어져 우리와 함께 간다.

에스트레마두라는 비교적 평탄한 길이 이어진다.
산티아고까지 가는 길이 호락호락하지 않아 중세의 순례자들은
유언장을 남기고서야 교회에서 크레덴셜을 받아 길을 떠났다.

만 이곳 플라타 길에선 늘 여유가 있다.

올리브와 포도밭 그리고 땅콩밭을 즐겁게 지났다. 촉촉한 풀밭을 벗어난 달팽이들이 이슬에 젖은 흙길에서 그만 길을 잃고 맴돌고 있다. 지금이야 이 황톳길이 제법 촉촉하지만 곧 뜨거운 햇살을 받아 바싹 마를 텐데⋯. 길을 잃고 헤매는 저 달팽이들 대부분은 헤매다 햇살에 타 죽거나 무심코 걷는 순례자들의 발길에 밟혀 죽을 테니, 생의 마지막 여행길에 오른 셈인가? 중세의 순례자들은 비장한 각오로 순례를 떠나야 했다. 무사히 산티아고까지 가는 게 절대 호락호락한 일이 아니었기에, 다들 유언장을 남기고서야 교회에서 크레덴셜을 받아 길을 떠났다. 왜 그렇게 위험한 고행길을 자처해야 했을까? 달팽이가 제 길을 벗어나 진액이 다 빠지는 황톳길을 걸어가듯 나도 지금 그런 시련의 길을 걷고 있는 것인가? 촉촉한 여명 속으로 걷는 길, 처연한 기운이 스멀스멀 맘속을 점령한다.

노! 노! 노!

사프라는 도시다. 이슬람 스타일의 도시로서, '리틀 세비야'로 불린다. 14세기경의 이슬람 성벽이 남아 있는데, 훗날 나폴레옹의 군대도 머물렀다고 한다. 스페인 땅은 켈트와 로마, 무어인, 그리고 나폴레옹의 군대까지 차례로 침략군대에 유린당한 역사를 간직하고 있다. 내게 이 사프라는 수르바란의 작품을 볼 수 있는 곳! 안내책자가 시키는 대로 이곳의 음식과 포도주도 꼭 맛볼 작정이다.

사프라의 알베르게를 찾아갔다. 그곳에 우리보다 먼저 도착한 일행들이 우왕좌왕하고 있다. 알베르게 문은 닫혀 있고, 아무 안내도 없다. 우리 일행 중 스페인어를 제일 잘 알아듣는 사람은 클라우스와 피아다. 클라우스는 지나는 사람들에게서 아무런 정보를 얻지 못하던 참이고, 우리가 도착해 피아가 행인들에게 물었지만 현지인도 잘 몰랐다. 우린 우르르 경찰서로 갔다. 우린 예상치 못한 얘기를 들었다. 알베르게는 잠정 폐쇄 상태니 오스탈을 이용하던가, 5km 더 가서 로스산토스 마을의 알베르게를 이용하란다.

황당한 상황이다. 하이너호와 클라우스 그리고 다니엘 부부는 5km를 더 가는 쪽을 택했다. 알베르게 문이 열리기 기다리며 충분히 휴식도 취한데다 그들에게 5km 정도는 한 시간 거리니까 갈 만하다. 하지만 난 오스탈에 묵고 싶었다. 지칠 대로 지쳤거니와, 이곳 사프라엔 내가 보고 싶은 것, 하고 싶은 게 있으니까! 아, 그런데, 또 피아는 "노!"만 외친다. 외치기만 한 게 아니다. 냉큼 배낭을 들고 앞장서 걷기 시작한다.

피아와 함께 걷기 시작한 지 7일째. "노"를 외치는 피아는 아무도 못 말린다. 저 대단한 북이탈리아 여자의 고집이란! '어휴, 성질 좋은 내가 참자, 참아.' 사정이 이러저러하니 함께 가자는 배려와 권유 없이 "노"만 외쳐대는 건 너무 이기적이지 않은가? 몸도 이미 녹초이고, 화가 치밀기 시작하는 맘도 온통 어수선하다.

조금 같이 걷다가 사프라 시를 빠져나갈 즈음 공원에서 쉬었다 가자며 벤치에 앉았다. 그러나 피아는 그냥 길을 떠났다. 이십 분쯤 흘렀을까. 홀로 무거운 몸을 일으켜 다시 배낭을 메고 길을 나섰다. 가파른 언덕을 올라가야 한다. 이럴 때 멀리 바라보면 안 된다. 그저 발등에서 좀 떨어진 곳만 보면서 천천히 걸어야 한다. 이미 한낮의 태양이 이글

거리기 시작했다. 땀이 뚝뚝 떨어지고, 이글대는 햇살은 옷 속까지 헤집고 들어와 쑤시고 따가웠다. 햇빛을 가릴 요량으로 우산을 꺼내 썼다. 한참을 걷자니 피아가 저만큼 앞에서 걷는 게 보였다. 그녀도 묵묵히 걸어 언덕을 오르고 있다. 언덕의 정상쯤에 오르니 바람이 세차다. 이런! 배낭과 겨드랑이 사이의 벨트에 고정시켜 두었던 우산이 그 바람에 그만 절단나 버렸다. 쯧쯧….

피아의 일방통행

언덕을 올랐으니 이제 내리막 순서다. 마을 입구에서 피아를 만나 함께 걷는데, 먼저 간 친구들은 보이지 않는다. 노란색 화살표를 따라가는 길. 이곳 알베르게도 노란색 화살표가 가리키는 어디엔가 있을 것이다. 마을 사람들이 일러주는 대로 따라가니 알베르게는 안 나오고 그냥 마을을 빠져나가는 길이다. 긴긴 마을길 끄트머리에서 한 아주머니가 마을과 떨어진 산속에 알베르게가 있다고 한다. 그것도 지금껏 내려온 길을 거슬러 올라간 곳에! 으아악! 다시 한참을 걸어 올라가다 마침 지나는 경찰에게 물으니, 알베르게는 경찰서에서 숙박비를 내고 세요를 받은 뒤 열쇠를 받아가는 건데, 산으로 약 2km 정도를 걸어가야 한다는 것.

아, 오늘 이미 30km도 넘게 걸었다. 그것도 땡볕 속을! 피아에게 가까운 오스탈에서 묵자고 했지만, 그녀의 대답은 NO! 휴! 휴! 휴우! 다행히 거기까지 택시가 다닌다고. 택시비는 3유로, 오케이! 그러나 도착한 뒤 택시운전사는 5유로를 요구했다. 이래저래 화가 치밀어 오른 나는 이를 악물고 말없이 지불했다.

아, 정말 지친다. 미처 알지 못했던 피아의 고집에 더 지친다. 피아가 그런 내 기분도 모르고 호들갑스럽게 말을 건다.

"킴! 여기, 너무 너무 너무 멋진 부엌이 있어. 이리와 봐."

마지못해 어슬렁거리며 부엌으로 갔다. 맘속의 화를 감추려니 자꾸 표정이 어색해지는 기분이다. 부엌이 잘 꾸며져 있음 뭐하나. 먹을 게 하나도 없는데. 피아는 장을 봐오자는 내 제안도 일언지하에 뿌리치고, 작은 참치 통조림 두 개를 찾아내 오물오물 먹기 시작한다. '아, 이탈리아 여인이여, 너의 일방통행에 내가 너무 힘들다. 흑흑흑.'

답답한 맘을 달래려고 해 저무는 알베르게 마당에 서서 언덕 아래로 시원하게 펼쳐진 마을 정경을 내려다보았다. 오른쪽 축구장에서 투우의 마타도르(투우 경기 때 최후에 등장하여 소에게 마지막 일격을 가하는 '투우장의 꽃') 훈련이 한창이다. 한 사람은 노란 투우사복에 빨간 깃발을 들고 춤을 추듯이 움직이고, 다른 사람은 마타도르를 공격하는 소가 되어 이리저리 뛰고 있다. 서쪽 하늘의 지평선이 마지막 노을을 다 삼킬 때까지 마당을 서성이다 들어와 침낭 속으로 들어갔다. 잠은 쉽게 오지 않는다. 뱃속은 텅 비었는데, 머릿속은 온갖 상념으로 와글다글 번다하다.

Day 8

로스 산토스 데 마이모나 → 비야프랑카 데 로스 바로스 (16km)

Los Santos de Maimona → Villafranca de los Barros

긍정적인 사고, 열린 마음

걸을 때 죽을 것같이 힘들고 무릎이 아파도, 밤새 꼼짝 않고 자고서 아침을 맞으면 웬만큼은 피로가 풀린다. 그런데 간밤엔 햇볕에 탄 종아리가 밤새 욱신욱신거리는 바람에 깊은 잠을 자지 못했다.

알베르게에서 7시 50분에 출발했다. 더 일찍 출발한들 마을로 내려가 먹을 것을 구할 수 없기 때문이다. 막 문을 여는 슈퍼에서 먹을 것을 산 뒤, 열린 바를 찾아 커피도 마셨다. 마을을 벗어나 쉬기 편한 곳을 찾아 아침식사를 했다. 무거운 것을 더 들고 갈 이유가 없다. 어제는 물도 맘껏 못 마신 상태로 잠을 잤다. 아침엔 배고픈 줄도 몰랐는데, 막상 음식이 들어가니 배가 본격 고프다. 오늘의 루트는 16km. 이정도로 짤막한 코스는 논스톱으로 간다.

유난히 붉은 황톳길에 개미집이 수두룩하다. 잘 지어진 개미집들은 그 모양도 입지도 정교하고 교묘하다. 농부들의 작은 자동차와 오토바이, 그리고 순례자들의 자전거와 발길 앞에 개미집은 허무하게 무너지고 만다. 아침이슬에 젖어 더 붉은빛을 띠는 황토색 개미집을 보고 걷자니, 이곳 개미들의 화려한 탑이 가우디의 사그라다 파밀리아에 못 미칠 게 없다 싶었다.

한동안 다니엘 부부와 함께 길을 걸었다. 언어소통이 시원치는 않지만, 그렇다고 나누고자 하는 뜻을 못 나눌 정도는 아니다. 눈빛과 몸짓, 그 속에 전해져오는 마음! 진솔한 소통에 꼭 번지르르한 말솜씨가 필요한 건 아니다.

다니엘 부부가 스페인어밖에 모르는 늙은 목동과 들판에서 대화를 한다. 지나온 들판의 아름다움을 찬미하고, 연일 내렸던 비를 원망하고, 어디서 온 사람이며 어디서부터 걷기를 시작하고 어디까지 가는지를 얘기한다. 그리고 서로의 복을 빌어주면서 다시 제 갈 길을 간다. 먼 길을 걷는 이들은 긍정적이다. 좋은 쪽으로 생각하며 사람을 대한다. 낯선 곳에서 낯선 사람들끼리 서로 만나 익숙해지는 데 필요한 건 긍정적인 사고와 열린 마음뿐이다. 그것이면 된다. 다른 모든 것은 그것으로부터 비롯되니까.

바지 주머니에 뭔가 딱딱한 게 자꾸 거치적거린다. 꺼내 보니 어제 저녁에 경찰이 준 마을지도다. A4 용지의 뒷면은 깨끗했다. 그냥 버리느니 재밌게 사용해보자는 생각으로 뒤따라올 친구들의 이름을 쓰고 그림을 그려, 마침 지나고 있던 길가의 철망 담장에 꽂아 놓았다. 길을 걷다 이 메시지를 보게 될 친구들이 즐거워할 것을 생각하니 기분이 유쾌했다.

"친구들아, 난 효선이라고 해. 우리 예쁘게 걷자. 부엔 카미노!"

카미노에서 만용은 금물

　노란색 화살표가 잘 되어 있고 길의 상태가 좋아 어렵지 않게 비야후랑카에 도착했다. 출발한 지 5시간 만이다. 다른 때보다 천천히 걸었고 마을 입구에서 장을 보며 쉬었기 때문이다. 이곳에 알베르게는 없다. 오늘 묵을 숙소는 피아의 일정표에 있는 사설 알베르게. 숙소를 찾지 못했다는 핀란드 순례자까지 데리고 그곳을 찾아가니, 다니엘 부부가 있었다. 빠르기도 해라. 이 집은 노인 내외가 대처로 떠난 자식들이 쓰던 방을 순례자들에게 내놓은 곳이다. 할아버지는 편찮으신데, 매일 이 집의 방 넷을 순례자들로 채운다면 할아버지 약값에 보탬이 될 것 같다. 할머니는 젊은 시절 미국에서 살다 와서 영어가 능통하다.

　짐을 풀고 바로 약국으로 갔다. 어제 하도 더워서 반바지 차림으로 길을 걸었는데, 아뿔싸, 그건 만용이었다! 오른쪽 종아리가 화상 수준으로 익어버린 것이다. 오늘은 더워도 긴 바지를 입고 걸었는데 걷는 동안도 어찌나 아리고 쓰리던지 뭔가 처치를 해야 했다. 약국으로 가 종아리를 보여주니 스프레이를 권한다. 그 자리에서 스프레이를 뿌리니 대번에 통증이 사라지고 시원하다. 거금 7유로가 아깝지 않다.

　오늘 함께 묵는 핀란드 순례자는 40세의 툴리키다. 그녀는 핀란디아 공항 인포메이션센터에서 일을 한다. 물론 영어를 잘한다. 그녀는 빨래용 고무장갑을 들고 왔다. 이런, 고무장갑까지 챙겨 온 순례자는 정말 처음일세. 이유인즉 손톱이 약해 갈라지고 찢어져서 맨손으론 도저히 세탁을 못한다는 것. 툴리키는 부지런히 빨래를 한 후 "스페니시 라이프를 즐겨야죠!"라며 상큼하게 땡볕 속으로 나갔다.

핀란드에서 온 40세의 튈리키. 이렇게 유쾌한 핀란드 사람은 처음 보는 것 같다.
지금 보니, 한스도 나와 같은 생각인 듯하다.

날마다 친해지는 사람들

나와 피아는 한낮의 열기를 피해 숙소에서 쉬다, 저녁 무렵 마을 한복판의 교회 광장으로 갔다. 이 마을의 세요는 경찰서에서 받는데, 경찰서는 교회 바로 뒤편이다. 거기서 일행을 만났다. 내가 도중에 남긴 메시지를 한스와 탕퀴가 보고는 사진을 찍고 그 종이를 들고 왔다. 지금 그 종이는 앙드레의 기념품이 되었다고. 우린 바에 앉아 모두 모인 것을 기념해 서로의 카메라에 그 모습을 담았다. 일행이 점점 친밀해지고 있다.

피아는 유독 앙드레에게 관심을 보이며 앙드레만 만나면 우울한 표정이 가시고 확 살아나는 표정이 된다. 앙드레는 매우 사교적이어서 그녀와 얘기 나누기를 즐기기 때문이다. "오! 피아, 피아!" "오! 앙드레, 앙드레!" 둘은 프랑스어와 이탈리아어, 스페인어, 영어를 총동원해 깔깔거리며 대화를 나눈다.

피아는 독일 사람과 스페인 사람을 싫어했다. 시끄럽다고. 또 프랑스 사람은 사교적이지 않아 싫다고. 아니 그럼, 피아는 다른 유럽 사람이 이탈리아와 스페인 순례자를 똑같이 시끄러운 순례자로 본다는 것을 모르는 건가? 그리고 그녀는 이탈리아에 대한 자부심으로 넘쳐난 나머지 스페인을 늘 한참 밑으로 보는 경향이 있는데, 우리 눈에는 스페인과 이탈리아 사람들의 하는 짓이 별로 다르지 않다는 거다.

한스도 이런 피아를 싫어한다. 피아 역시 한스와 얘기를 잘 나누지 않았다. 걷는 중에도 맥주에 소다수를 타서 먹는 술꾼에, 목소리 큰 독일 남자라고 하면서 말이다. 한스도 이야기하는 것을 무지하게 좋아한

"할아버지, 할머니, 건강하세요. 행복하세요. 아디오스"

다. 난 그렇게 수다스런 독일 남자는 처음 봤다. 그래도 피아의 '인 이탈리아' 타령을 견딜 재간은 없는 것. 게다가 피아가 자기 집 금송아지 자랑을 늘어놓을 때면 아주 질색한다.

"우리 집에 뭐가 있는데, 앤틱이야… 우리 집 페치카는 얼마나 크고 멋진데… 우리 집 마당에 뭐가 있는데 말야… 우리 줄리아는… 우리 빅토리아는…"

에궁, 스페인의 산골마을에서 이탈리아 아줌마의 콧대 높은 프라이드는 아무짝에도 쓸모없다는 걸 피아는 왜 모르는 걸까. 피아가 없으면 모두들 '인 이탈리아' 타령이 지겹다며 흉을 본다. 한번은 그 소리가 하도 지겨워서 모두들 한목소리로 쏘아붙이기도 했다.

"그렇게 '인 이탈리아'를 말하려면 이탈리아로 가시지? 여긴 스페인이거든."

그러나 피아는 잠깐 우울모드였을 뿐, 돌아서면 다시 입에 붙은 '인 이탈리아' 타령을 거듭했다. 그러니 모두 포기할 수밖에. 이제 아무도 신경을 쓰지 않을 정도로 무뎌졌다. 왜? 자신들의 즐거움을 그런 데 빼앗기고 싶지 않으니까.

늦은 밤 할머니 집에 돌아오니 두 분이 텔레비전을 보고 계신다. 사진 속의 젊은 두 분은 정말 영화배우처럼 멋진 모습인데, 지금 할아버지는 머리 수술 때문에 추기경 같은 하얀 뚜껑 모자를 쓰고 소변주머니를 매달고 있다. 그렇게 거실 구석의 편한 소파에 정물처럼 앉아 있다. 두 분께 아침에 일찍 떠나 인사를 드리지 못하니 미리 인사를 드린다며 준비한 부채 선물을 드렸다. 할머니는 내 볼에 키스를 하며 감사와 덕담의 말을 해주셨고, 할아버지는 힘에 겨운 듯 손을 들어 "아디오스!"라고 하신다. "아디오스…" 헤어지는 인사말의 긴 여운은 구슬프다. 언제나. 다시는 만날 수 없을 것 같은 미련과 그리움이 일어난다.

"두 분께 나의 인사를 드립니다. 부디 건강하고 행복하세요, 아디오스!"

비야프랑카 데 로스 바로스 → 토레메히아(28km)

Villafranca de los Barros → Torremegía

시벨리우스의 핀란디아

노부부를 위해 조용조용 움직여 떠날 준비를 한 뒤 길을 나섰다. 오렌지빛 가로등을 따라 마을을 빠져나오니, 동트기를 기다리는 들판 위로 맑고 검은 새벽하늘 가득 별들이 흐드러지게 총총하다.

길은 키 작은 포도밭 사이로 뻗어 있다. 그늘을 베푸는 나무 한 그루 없는 곳을 완만하게 내려가는 코스다. 재미없고 지루한 길. 피아와 난 각자의 생각에 잠겨 길을 걸었다. 툴리키가 뒤에서 하이톤으로 우리를 부르며 나타날 때까지는.

툴리키는 키가 작고 다부져 보이는 모습으로 두 개의 스틱을 사용해서 걷는다. 약한 손톱 때문에 장갑도 꼭 낀다. 그녀의 배낭 또한 작고 심플하다. 배낭 밖으로 주렁주렁 매달린 건 하나도 없다. 그녀의 일정은 5월 10일에 살라망카에 도착하는 것이다. 거기서 핀란드에서 온 남자친구를 만날 예정이며, 그 후 일주일 동안 남자친구와 차를 이용해 스페인 몇 곳을 둘러본 뒤 귀국한다고.

그녀와 남자친구는 마흔의 동갑내기인데 서로 결혼은 원치 않고 동거하는 것도 싫으며 서로의 집을 가끔씩 방문하며 며칠씩 보내기도 하면서 오랫동안 함께 지내온 사이라고 한다. 철저하게 개인적인 삶을 즐기면서 동시에 사랑도 유지한다? 오호, 이 절묘한 균형감각의 커플을 보라. 글쎄, 그렇게 살아보는 것도 좋을 것 같다. 쉽지는 않겠지만, 매일 보고 때론 원수니 때론 구주니 티격태격 아웅다웅 사는 것보다 훨씬 쿨하지 않을까. 물론 그러려면 남녀 모두 정신과 경제의 자립을 먼저 이루어야 할 테지만.

그녀의 성격은 투명지수 세계 1위의 명예를 가진 그녀의 조국 핀란드를 닮았다. 어쩜 그리 밝고 꾸밈없는지. 마드리드에 도착하던 날 그녀는 공항에서 지갑을 도둑맞았는데, 마드리드 공항의 행정서비스가 너무 열악해서 아무 도움을 받지 못했다고. 그래서 잃어버린 지갑에 든 신분증과 카드 등, 사태를 수습하느라 푸지게 고생했다는 것이다.

우린 시벨리우스의 음악 「핀란디아」 이야기도 했다. 툴리키는 그 음악을 들으면 언제나 전율을 느끼고 눈물이 난다고. 나도 시벨리우스의 음악을 좋아해서 핀란드를 여행할 때 시벨리우스의 두상과 강철로 만든 파이프 오르간 모양의 시벨리우스 기념비가 있는 공원을 제일 먼저 가보았다. 참, 우리나라 껌 광고에는 핀란드의 자일리톨 얘기가 나온다는 이야기도 빼먹지 않았다.

각자의 걷는 리듬이 다르니, '회자정리'는 카미노의 기본 룰. 그녀는 먼저 가다가 쉴 곳을 찾아 낮잠을 즐기고 가겠노라며, "또 봐요"란 인사를 남기고, 타닥타닥, 경쾌하게 스틱을 사용하며 앞서갔다.

웃어라, 피아야!

오늘 피아는 내내 혼자 걷는다. 내가 모처럼 툴리키와 한 가지 언어로 즐겁게 떠드는 사이, 피아는 지루해하고 우울해했다. 그녀가 "킴, 오늘은 참 행복했어"라고 말하는 날은 어김없이 누군가와 실컷 얘기를 나눈 날이다. 수다우면 피아에겐 플라타 길이 너무 고독한 길이 아닐까 싶다. 어딜 가나 순례자들로 붐비는 프랑세스 길이라면 피아의 수다 상대가 끊임없이 나타날 테니….

저 멀리 산이 보이기 시작했다. 바로 그 산자락에 오늘의 목적지 토레메히아가 있다. 오늘은 특히 인내심이 필요한 길이다. 그늘도 없고, 매력적인 장면이 눈길을 끄는 들판도 없다. 너무나 힘이 들어 피아에게 좀 쉬었다 가자고 하니, 쉬지 말고 그냥 천천히 걷자고 한다. 프랑세스 길에서 난 대개 두 시간마다 한 번씩 편히 앉아 쉬었다. 그것이 내 리듬이었다. 그러나 피아는 네 시간을 가도 꿈쩍 않고 걷는다. 그녀의 배낭 꾸림새는 야무지지 못하지만, 진흙길을 걸을 때 그녀의 바지 뒷자락은 깨끗하다. 내 바지 뒷자락은 금세 엉망이 되지만. 흐트러짐 없이 조용조용 사부작사부작 걷는 피아에 비해, 내 걸음은 터덕터덕 너무나 활달하기 때문이다. 하하하!

피아의 체력은 대단하다. 그녀는 알베르게에 도착해 가방을 던지고 샤워를 하고 나면 금세 원기를 회복해 돌아다닌다. 자기와 즐겁게 얘기를 나눌 상대를 찾아 나서는 것. 그럴 만한 짝을 찾지 못해야 그녀는 조용히 노트를 들고 자리에 앉는다.

마을에 들어서면 피아는 만나는 사람에게 길을 묻는다. 난 이미 화살표를 찾았지만 내버려 둔다. 그녀가 마을 사람과 얘기 나누기를 좋아한다는 걸 잘 알기 때문이다. 오늘은 길에서 물이 떨어졌다. 너무 목이 타서 집으로 들어가려는 아줌마를 붙잡고 물동냥을 했다. 물론 "아구아"란 단어와 먹는 시늉만으로. 단번에 말뜻을 알아차린 아줌마는 집에서 1.5리터 새 물병을 가져다주었다. 물병을 받아들고 그 자리에서 목구멍이 꽉 차도록 꿀꺽꿀꺽 마셨다. 넘치는 시골 인심으로 갈증을 다 날려보냈다.

오스탈은 마을에 들어서서 큰길만 따라가면 쉽게 찾을 수 있다. 길가의 아줌마들이 묻지도 않았는데 손짓을 곁들여 설명을 해준다. "죽 가세요. 그리고 우회전해서 세 블록 걸어 내려가면 숙소가 있어요." 큰길가의 오스탈 밀레니움. 1층은 바와 레스토랑이다. 그동안에도 피아는 동네 아줌마들과 눈만 마주치면 다가가 얘기를 건넨다. "우린 이탈리아와 코레아에서 왔구요. 또 세비야에서 출발했어요. 어제 묵은 마을은 어디구요. 중얼중얼…."

이 오스탈에 우리 일행 모두가 들어왔다. 휴식을 취한 후 이 마을의 세요를 받기 위해 일행과 이곳저곳을 돌아다녔다. 처음엔 경찰서로 갔다. 그 다음에 마을사무소로 가니, 누군가 도서관으로 가라고 했다. 이런, 세 곳 모두 닫혀 있다. 우린 인근 바에 앉아서 참 이상한 동네라며 투덜거렸다. 다시 오스탈 바로 돌아와 그곳에서 맥주를 마시며 세요 이야기를 하니, 바텐더가, 세요는 오스탈에도 있다는 게 아닌가. 이럴 수가…. 그렇게 세요를 받고 느긋이 앉아 맥주와 커피를 마시며 휴식을 즐기는데 경찰이 들어왔다. 클라우스가 "세요 받으러 갔는데 경찰서 문이 닫혀 있더라"고 하니, 그는 맥주를 한 잔 마시고 일어서며 세요를 받으러 오라고 한다. 우린 기다렸다는 듯 일제히 크레덴셜을 꺼내 흔들었다. '여기서 벌써 받았지롱.' 머쓱한 경찰관, 어깨를 으쓱하곤 나간다.

내일 메리다까지 걷는 길도 짧은 구간이다. 여유로운 저녁인지라 레스토랑에서 느긋하게 식사를 하며 흠뻑 이야기꽃을 피웠다. 아니나 다를까. 잠자리에 드는 피아의 표정이 환하다. 앙드레와의 수다 한판이 제대로 약효를 발하나 보다. '그래, 피아. 우울해하지 마. 환히 웃는 네 모습이 너무 좋아. 고마워, 피아.'

내일 걷는 짧은 구간이어서 여유로운 저녁을 보내고 있다.
레스토랑에서 느긋하게 식사를 하며 이야기꽃을 피웠다.

1 피아, 2 수, 3 나, 4 피아,
5 한스, 6 클라우스, 7 하이너호

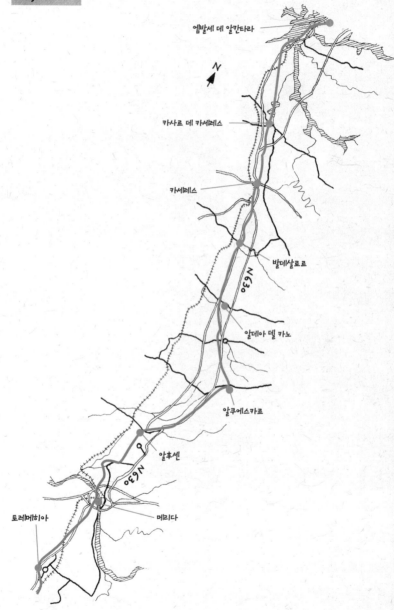

엠발세 데 알칸타라

카사르 데 카세레스

카세레스

발데살로르

N630

알데아 델 카노

알쿠에스카르

알후센

N630

토레메히아

메리다

토레메히아 → 메리다(16km)

Torremegía → Mérida

마타도르 폴리와 로마다리의 추억

토레메히아의 오스탈을 나와 곧장 뻗은 아스팔트 길을 따라가면 노란색 화살표는 포도밭 길로 인도한다. 길이 너무 순탄했나. 화살표만 따라오니 한 번 쉬지 않고 논스톱으로 메리다의 로마다리에 이르렀다. 에스트레마두라 너른 전원지대의 외딴 도시 메리다는 로마 유적의 보고다. 그중 2,000여 년이 지난 지금까지 사용되는 것이 있으니, 바로 이 로마다리다. 사람들이 애용하는 이 로마다리 옆에 아주 오래된 바가 하나 있으니, 그 이름은 엘토레로 El Torero.

아, 엘토레로! 거기 다시 왔다. 메리다의 추억으로 가슴이 마구 설렌다. 내 가방 속에는 A4 크기의 사진 세 장이 들어 있다. 2004년 나는 로마사의 현장을 따라 이곳을 방문한 적이 있다. 그때 로마다리를 걷다 다리 끝에 있는 이 바로 들어갔다.

바에는 손님 몇 명이 텔레비전을 보며 술을 마시고 있었다. 커피를

메리다의 마타도르 폴리. 투우를 사랑하는 이들에게 전설적인 인물로 삼 대째 내려오는
마타도르의 명문이다. 로마다리 옆에 있는 그의 바는 토로스 개인 박물관 같다.

시키고 잠시 바를 둘러보는데, 벽면을 온통 투우장의 마타도르와 관련된 사진으로 채웠다. 특히 화려한 복장의 잘생긴 마타도르 한 명이 눈에 띄었고, 그 주위에 다른 몇몇 마타도르의 사진이 곁들여 있었다. 예사롭지 않은 마타도르 사진에 끌려 커피를 마신 뒤 바를 돌아다니며 사진과 장식을 구경하게 되었다.

그런데 이내 내 등에 꽂히는 시선이 느껴졌다. 좀 쑥스러웠던 걸까. 바의 한편에서 시가를 피우던 덩치 큰 아저씨에게 그 사진들에 대한 내 호기심을 이야기했다. 사진 속의 마타도르가 할리우드 영화배우보다 더 멋지다면서. 그 사람은 영어를 알아듣지는 못했지만, 나의 몸짓과 표정은 충분히 읽은 듯했다. 그는 입에 시가를 문 채 씩 웃더니 나를 데리고 가 닫혀 있는 문을 열었다. 그곳, 크지 않은 공간의 벽에는 더 많은 사진과 소의 두상이 박제되어 걸려 있었다. 그런 벽으로 둘러싸인 홀에는 깔끔하게 장식된 테이블이 몇 개 놓였다. 말하자면 레스토랑 분위기이기도 하면서 개인 박물관 같기도 하다.

나를 그곳으로 안내한 이, 그가 바로 사진 속의 멋진 마타도르였던 것이다. 아! 예전의 날렵한 청년의 준수함은 사라지고, 쏘는 듯 강렬한 눈빛만 남아버린 이. 그의 이름은 폴리. 폴리는 내게 자신의 소장품을 하나하나씩 설명하고, 토로 경기에서 다친 얘기, 자신의 동료는 죽었다는 얘기 등을 많이 하였지만, 난 영어, 그는 스페인어, 다 알아들을 수는 없었다. 그러나 날 감동시키기에는 충분했다. 한 청년이 일행과 바의 한편에서 술을 마시고 있었는데 그가 아들이며 그 역시 마타도르인데 경기에서 토로에게 공격을 받아 다쳤다는 것이다. 그의 아들이 일행과 밖으로 나갈 때 보니 한쪽 다리가 불편해 보였다.

그때 그의 허락을 받고 바와 레스토랑 내부의 사진을 찍었다. 지금 그때 찍은 사진 중 몇 개를 인화해서 가지고 가는 것이다. 폴리와 이 메리다의 추억으로 설레는 마음으로 도착했는데, 고집쟁이 피아가 내 설렘을 헤아릴 리 없다. 알베르게부터 먼저 가자는 것.

"피아! 이건 내게 매우 중요해. 그리고 그 바에 내가 만나려는 사람이 있는지도 몰라. 잠시 들러서 그 사람이 있으면 다시 약속 시간을 잡을 거고, 없으면 이 사진을 주고 저녁에 만날 수 있도록 전해달라고만 하고 올게." 이렇게 설득하고 배낭을 멘 채로 나는 뛰었다.

바는 4년 전과 같은 모습으로 나를 반겼다. 바에 들어가 폴리를 찾으니 그는 없고 언제 올지 모른다고 한다. 배낭에서 사진을 꺼내 바텐더 한 사람에게 건넸더니, 사진 속의 인물이 자신이라는 것이다. 하몽을 복어 회 뜨듯이 떠서 내게 주던 모습이 찍힌 것. 아하, 불과 4년 만인데, 사진 속의 모습보다 많이 변해 있어 몰라 보았다. 그는 매우 반가워했다. 폴리 사진을 보더니 연락은 하겠지만 그의 스케줄은 모르니 약속이 될지는 모르겠다고 한다. 그에게 저녁 8시에 다시 오겠다는 말을 남기고, 조바심하며 기다릴 피아 생각에 다시 열심히 뛰었다. 어휴, 배낭 메고 구보라니, 군사훈련이 따로 없다.

폴리를 보지 못해 못내 서운했지만 저녁에 만날 것을 기대하며 알베르게로 갔다. 알베르게는 로마다리에서 멀지 않다. 좌회전하여 조금만 걸어가면 나온다. 한스 일행이 이미 거기 있었고 곧 툴리키도 도착했다.

배낭을 내려놓고 침대에 죽 뻗었다. 알베르게의 오스피탈레로 후안

미구엘은 장애인이었으나 붙임성 있고 재밌는 사람이다. 내가 한국 사람임을 알고 한국 사람이 이곳을 다녀갔는데 사진을 보내왔다는 것이다. 그가 보여준 사진 속의 인물은 『아름다운 고행 산티아고 가는 길』을 쓰신 남궁문 선생이다. 그분이 자신의 친구라고 자랑스럽게 말을 하니까 나도 반갑고 좋았다. 그리고 사진을 찍는 내게도 주소를 적어주면서 꼭 사진을 보내달라고 졸랐다. 그 모습을 보던 자전거 순례자 한 명이 윙크를 하며 대충 대답하라고 했다. 대충이라니, 무슨 말씀? 약속은 정말 약속이죠. 난 그에게 사진을 꼭 보내주겠다고 다짐했다.

후안은 내가 폴리의 얘기를 하자 엄지를 대뜸 치켜세운다. 무슨 의미냐고 옆에 앉아 있던 바르셀로나에서 온 자전거 일행에게 물으니, 폴리는 한때 스페인 최고의 마타도르였다는 것. 그의 가족은 삼대가 마타도르이고, 그의 아들이 지금 마타도르로 활동한다는 것이다. "오호라, 그러니까 4년 전 봤던 그 아들이 완쾌되어 토로스에 복귀했다는 것이군." 그들은 내가 폴리를 만났고 그의 사진을 갖고 왔다는 걸 매우 흥미로워했다.

메리다에서

한낮의 열기에도 불구하고 점심도 먹을 겸 메리다 투어에 나섰다. 메리다는 볼거리가 많은 도시다. 인근에 흩어진 유적을 다 보려면 하루 갖고는 어림도 없다.

기원전 25년 로마의 퇴역병사를 위해 건설한 식민도시 메리다. 로마제국의 초대황제 아우구스투스의 명에 따라 '에메리타 아우구스타'란 이름으로 건설되었다. 퇴역병사들을 위한 실버타운 신도시였던 셈

기원전 25년경에 화강암으로 만든 792m의 로마다리는
로마제국 시대에 만든 다리 가운데 가장 긴 편에 속한다.

인데, 그 후로도 파란만장한 역사의 굴곡을 거치게 된다. 로마제국 당시는 '에스파냐의 로마'로 불릴 만큼 위세를 떨쳤지만, 로마 멸망 후 5세기에는 게르만의 지배를 받았고, 6세기에는 서고트 왕국의 수도로 번영을 누리기도 했지만, 713년 이슬람인들에게 함락된다. 그리스도교도들은 이슬람의 지배에서 모사라베이슬람 세력 하의 그리스도교인로, 무라디이슬람교도로 개종한 그리스도교인로, 에나시아도두 종교의 경계선에 있던 사람로 살다가 반란을 일으켰다. 이슬람 국왕 무하마드 1세는 868년 반란 진압 후 이 도시의 자격을 박탈시킨다. 세월이 흘러 레콩키스타가톨릭 주도의 국토회복운동 시기인 1230년 알폰소 9세에 의해 이슬람으로부터 탈환되었고 15세기에 이사벨 1세 때 잠시 영화를 누리기도 했지만 끝없는 전란 속에서 그만 쇠퇴의 길을 걸은 도시. 그런데 바로 이런 전란과 퇴락의 역사가 오늘날 이 도시를 되살리고 있으니, 역설이라면 역설이다. 역사의 구비들을 거치며 이 도시에 남겨진 갖가지 문화유적이 세계문화유산으로 지정되어서 세계 각지의 사람을 끌어모으고 있는 것이다. 기원전 25년경 화강암을 다듬어 만든 전체 길이 792미터의 로마다리는 로마제국 시대에 만든 다리 가운데 가장 긴 편에 속한다고 한다. 바로 그 다리를 건너 내가 메리다로 들어왔고, 그 다리 덕분에 스페인 최고의 마타도르를 만나는 인연을 갖게 된 것이다.

관광객으로 붐비는 타원형 경기장 무대에서 사진을 찍는 한국 아줌마들을 만났다. 혼잡한 다국어가 오고가는 와중에도 그 분들이 주고받는 한국어는 내 귀에 와서 쏙 꽂혔다. 이게 얼마만인가. 실은 며칠 되지 않지만, 그런 심정이 드는 건 어쩔 수 없다. 정말 반가웠다. 여행하는 그대들에게 즐거움만 가득하시라!!

메리다의 로마 원형극장. 세계문화유산으로 등록된 곳이며
6,000명이 관람할 수 있는 규모로 현재도 공연장으로 사용된다.

저녁 약속시간에 맞춰 폴리의 식당으로 갔다. 그나마 피아가 스페인어를 좀 하니까 부탁을 하여 함께 갔다. 물론 피아가 거길 가고 싶을리가 없다는 건 잘 안다. 낮에 돌아다녀서 피곤할 테고, 게다가 토로스라면 몸서리를 치며 "노! 노!" 손을 내젓기 때문이다. 물론 나도 투우를 좋아하지 않는다. 우리 일행 누구도 투우를 좋아하는 이는 없다. 다만, 어느 바엘 들어가든 늘 주민들은 자신들이 좋아하는 토로스 중계를 즐기고 있는데 지나는 객이 자기가 싫다고 경멸하는 인상으로 그들을 바라본다면 원주민을 대하는 예의가 아니라고 생각한다. 싫으면 조용히 떠나면 되는 거다. 그러나 피아는 투우를 즐기는 이들을 눈에 띄게 야만인 취급하면서 몸을 떨며 싫어라 했다.

그래도 이번에는 피아가 나에 대한 의리를 앞세웠다. 물론 난 원하면 동행하지 않아도 된다고 했지만, 피아는 빨리 돌아오자는 단서를 붙이고 나를 따라나섰다. 기특한 피아 같으니!

바에 도착하니 폴리가 시선을 멀리 두고 바의 창문에 기대어 서 있었다. 오호, 저 강렬한 카리스마! 시쳇말로 정말 죽이는 포즈가 몸에 밴 거다.

"올라, 폴리!" 반가운 마음에 고함치듯 인사를 하니, 눈을 껌벅이며 네가 사진을 두고 갔냐고 손짓을 한다. 폴리의 고맙다는 말을 들은 나는 다시 그의 박물관으로 초대되었다. 피아는 토로의 두상을 보더니 오만상을 찌푸리고 아예 입을 막고 있다. 다행히 바에 있는 한 분이 영어를 좀 해서 피아가 통역을 거들 일은 없었다.

폴리는 비디오카메라를 든 나를 위해 마타도르가 붉은 천을 들고 토로를 유혹하는 장면까지 연출해 보여주었다. 살이 많이 빠져서 그런지 폴리는 4년 전에 봤을 때보다 오히려 젊어 보인다. 폴리의 눈빛은 번쩍번쩍 쏘는 듯 강렬하다. 폴리는 4년 전의 짧은 만남을 기억하고 다시 자신을 찾아온 순례자를 반가이 대접하려 했지만, 어쩌랴, 나의 시간은 여유롭지 못하고 피아의 인상은 마구 구겨지고 있으니.

선물을 주고 싶은데 내일 다시 찾아오겠냐고 폴리가 물었다. 그러나 내게 그럴 시간은 없다. 피아와 일행을 이루지 않았다면 메리다에 하루 더 머물며 폴리와 즐거운 시간을 가질 수도 있겠지만 말이다. 폴리도 아쉬움 가득한 얼굴로 "부엔 카미노"란 말과 함께 내 양볼에 키스를 해주었다. 떠나는 내게 명함을 쥐어주며 꼭 다시 오라고 손짓을 했다.

로마다리에서 다시 가장 슬픈 인사말을 하며 돌아섰다. "아디오스, 폴리!"

메리다 → 알쿠에스카르(38km)

Mérida → Alcuéscar

돈키호테의 산초 같은 세 친구들

독일 친구들이 떠날 준비를 하니 툴리키도 다른 때와 달리 일찍 일어나 채비를 서두른다. 날씨가 덥다는 예보인지라, 대낮의 뙤약볕을 피하자는 심산들인 것. 오늘따라 미처 잠을 떨치지 못한 채 길을 나서니, 정말이지 새벽거리의 가로등마저 졸고 있는 듯하다.

메리다에서 순례를 시작하는 스페인 순례자 세 분이 앞서간다. 친구 사이인 이들은 스페인의 북부와 중부 곳곳에 흩어져 산다.(스페인은 우리나라 다섯 배 크기다!) 이들은 1년에 한 번씩 이렇게 만나 길을 걷는다. 지난해에 카디즈에서 시작해 메리다에서 끝냈고, 올해는 메리다에서 출발하여 며칠을 함께 걸은 뒤, 또 내년에 이어서 걸을 것이다.

이분들은 한마디로 돈키호테의 산초 분위기다. 작은 키에 적당히 불어난 몸집, 밀짚모자에 지팡이 하나. 머 그런 차림새다. 그들의 배낭주머니엔 포도주가 담긴 플라스틱 물통과 소시지가 들어 있다. 길가 어

개구쟁이 '산초 삼총사'도 카메라 앞에서는 제법 의젓하다.

디에서든 쉽게 꺼내먹을 수 있도록 준비한 것. 육십이 넘은 이들은 열 살짜리 학생들처럼 줄을 맞춰 걸으며 지팡이를 총대처럼 메고 구령에 맞춰 발을 탁탁 구르며 걷기도 하고, 그 병정놀이가 지루해지면 지팡이로 도로의 가드레일을 드럼 치듯 두들겨 산초 버전의 난타 공연을 펼치며 걷기도 한다. 오랜 세월을 함께 친구로 같이 성장하고 같이 늙고, 그런 수많은 세월 뒤, 이렇게 같이 카미노를 걷는 일까지 나눌 수 있다니, 그들의 유쾌한 우정에 깊이 공감한다. 무엇보다 마구 부럽고….

피아의 변덕

출발 전 피아에게 알쿠에스카르까지 가는 38km 구간은 힘이 드니, 중간의 17km 지점인 알후센에서 1박을 하자고 했으나, 피아는 함께 걷는 일행들이 다 그곳으로 간다며 알쿠에스카르를 고집했다. 걸음이 빠른 툴리키와 한스, 하이너호, 클라우스는 이미 앞서갔다. 알후센에 이르렀을 때다. 바에 들어서니 앞서가던 산초 삼총사 분들은 맥주를 마시고, 한 무리의 자전거 순례자들은 휴식 후 떠나려는 중이다.

산초 아저씨들은 이곳에서 차를 마시며 함께 얘기를 나누던 마을 사람의 차를 얻어 타고 알쿠에스카르로 간다며 떠났다. 그분들이 피아에게 한 얘기로는, 이곳에서 버스를 타고 가려고 했는데 마침 승용차 주인이 데려다주겠다고 나섰다는 것.

"우리도 버스 타고 갈까?" 그들이 떠난 후 피아가 넌지시 내게 묻는다. 물론 기다렸다는 듯이 좋다고 했다. 고맙게도 버스는 바로 바 앞에서 탈 수 있다. 야외 테이블에 앉아 차를 마시며 쉬는데 다니엘 부부가 도착했다. 그들은 너무 더워서 이 마을에서 하루를 묵겠다며 알베르게를 찾아 갔다.

어랏! 시간이 되어도 버스가 오질 않는다. 알고 보니 우리가 기다린 버스 시간은 주말용이었다. 다시 한 시간을 더 기다려야 한다. 그렇게 또 기다리는데 앙드레 일행이 왔다. 그들도 덥다며 일정을 바꿔 이곳에서 자고 가겠단다. 앙드레가 피아에게 이곳에서 자고 가라고 권유했다. 앙드레만 보면 기분 업 되는 피아. 그의 제안에 대뜸 내게 여기서 자고 가자고 한다.

"아니, 이제껏 기다려 10분 정도면 버스가 올 텐데, 이제 와서 자고 가자고? 내가 처음부터 이곳에서 자고 가자고 했니, 안 했니? 그때는 매몰차게 거절하더니. 그리고 버스 타고 가자고 누가 먼저 말을 했지?" 치미는 화를 억누르며 차근차근 피아에게 이 이야기를 했다. 마지막으로 나는 10분 뒤에 버스가 오면 타고 가겠다는 말을 덧붙였다. 앙드레와 피아는 그런 나를 보고 "오, 킴이 화가 났어"라고 손가락질 해대며 웃는다.

사실 난 내심 피아가 이 마을에 남고 나 혼자 갔으면 했다. 피아는 앙드레가 계속 걸을 거라고 했으면 아마 따라 걸어갔을 것이다. 그러나 버스가 도착하니 피아도 올라탄다. 버스를 타고 가는 동안 뜨거운 햇살 아래 열심히 걷고 있는 툴리키를 보았다. 미안한 맘에 저절로 차창 아래로 웅크려 몸을 숨기게 되었다. 버스는 잠깐 사이에 우리를 알쿠에스카르에 옮겨놓고 떠났다.

알쿠에스카르에서는 수도원에서 숙박한다. 수도원은 버스에 내려서 멀지 않은 곳에 있었다. 수도원에 들어서니 먼저 차를 타고 간 산초 삼총사 아저씨들뿐이다. 다른 친구들은 아직도 이글대는 태양 아래를 걸을 것이다. 방을 배정받은 후 피아는 말없이 침대에 누웠다. 물론 나도 그녀와 말을 하고 싶지 않았다. 그동안 느껴온 그녀의 짜증나는 모습들이 확 밀려왔다. 말없이 나가 세탁을 해서 빨래를 널었다.

이 수도원의 부속건물은 정신지체장애자들을 돌봐주는 곳이다. 모두 남자 환우들이다. 수도원의 안뜰 가득 짙은 밤색의 원피스 수사복이 빨랫줄에 걸려 바람에 펄럭이고 있다. 침대 하나 놓아도 비좁아 보이는 수도원의 작은 독방들에는 좁은 침대 두 개가 어긋나게 놓여 있다. 그런 방에 불편한 심기로 둘이 누워 있기 싫어 밖을 산책했다.

시간이 지나자 하나둘 순례자들이 들어왔다. 한스가 들어오며 깜짝 놀란다. 아니, 맨날 꼴찌이던 너희가 어떻게? 네, 네, 버스 타고 왔습니다. 클라우스, 하이너호, 툴리키, 여왕님과 근위병, 그리고 메리다에서 만났던 바르셀로나 자전거 팀까지.

"너희들 싸웠니?" 한스가 조용히 와서 내게 묻는다.

"싸우진 않았지만, 마음의 평화를 유지하려고 노력하는 중이야. 그래서 자초지종 얘기도 하기 싫어. 조용히 쉬고 싶어." 한스는 사람 좋은 표정으로 끄덕이며 내 말을 수긍했다. 말이 많긴 하지만 한스는 누구처럼 변덕스럽지는 않다. 그는 다른 사람의 기분을 맞춰주는 게 뭔지, 그게 왜 필요한지를 아는 사람이다. 그래서 이번에도 내게 살며시 말을 건넨 것이다.

"피아는 말하는 것을 좋아하잖아. 좀 있다 누가 피아와 실컷 수다를 떨어주면 그녀의 기분은 다시 살아날 거야." 내가 그렇게 덧붙여 말해주니 한스가 "오케이"라면서 윙크를 하고 자리를 떴다.

오 마이 클라라 리모나다!

시에스타가 끝날 즈음에 일행들이 다 같이 마을 산책을 나섰다. 누워 있던 피아도 함께 나갔다. 난 무엇보다 전부터 들고 다니던 엽서를 부쳐야 한다. 스페인에서 해외로 보내는 엽서에 붙이는 우표는 두 가지다. 유럽은 60센트, 그 외의 다른 나라는 78센트. 프랑세스 길에는 담배 파는 곳에서 쉽게 이 우표를 구했는데 이곳에서는 도시에서라야 이 우표를 구할 수 있다. 우체국 이용도 시간이 안 맞았다. 그래서 이런저런 이유로 엽서를 써놓고도 못 보냈던 거다. 마을산책을 하다 담배 가게에 가니 마침 우표가 있다고 하며 내주는데, 어랏, 한 장에 78센트짜리가 없는지 자잘한 우표를 여섯 장이나 덕지덕지 붙여야 하는 걸로 주는 게 아닌가. 툴리키가 깔깔깔 웃을 만도 하다. 내 엽서에 붙인 우표들을 보고 툴리키는 기념사진까지 찍었다.

우체국 가는 길. 엽서 가득 우표로 도배해놓고 실컷 웃었다.

툴리키와 함께 바에 갔다. 피아와 난 늘 카페콘레체 나 에스프레소를 마신다. 툴리키는 클라라를 마셨다. 클라라는 탄산수에 생맥주를 섞은 것이다. 그 맛을 궁금해하니 "킴! 포도주에 레몬탄산수 섞은 것도 안 먹어봤겠네?" 바에서 주로 맥주+레몬에이드, 혹은 포도주+레몬에이드의 혼합음료를 마신다는 툴리키. 피아와 난 술을 즐기지 않아 클라라는 마셔보지 않았다. 툴리키의 추천에 '클라라 리모나다'레몬 탄산수의 스페인어를 주문했다. 그때부터다. 난 차가운 클라라 리모나다의 포로가 되었다! 아주 기꺼이!!

수도원의 기쁜 밤

이곳 수도원은 식사도 제공한다. 그래서 안내책자에도 추천하는 숙박 장소다. 식사하기 전 이곳에 있는 환우들의 미사를 보게 되었다. 난 가톨릭 신자가 아니지만 휠체어를 끌고 가는 그들을 우연하게 돕게 되었다. 젊고 잘생긴 수사가 힘이 세고 거친 젊은 장애우의 손을 꼭 잡고 미사에 참여했고, 나이 드신 수사들은 휠체어에 앉은 장애우를 돌보았다. 그곳을 얼쩡거리다가 낯선 이방인인 내게 장애우 한 분이 자기 휠체어를 밀어달라고 하는 바람에 엉겁결에 미사까지 보게 된 것이다.

저녁식사 시간 수도원의 지하 식당에 모인 순례자들은 「최후의 만찬」 그림이 걸린 벽을 바라보며 그 그림의 주인공들처럼 길게 식탁에 둘러앉았다. 자원봉사자의 손길로 풍성히 차려진 식탁이었다.

피아는 내 옆에 앉아 앙드레 일행 이야기를 꺼낸다. 그들이 이곳에 없어 서운하다는 것. 앙드레 일행이 버스를 타고 하루 길을 당겨오기 전에는 이제 그들을 만나기는 어렵다. 피아도 그것을 잘 안다. 그리고

알쿠에스카르의 수도원. 이 수도원에서는 숙박은 물론 식사도 제공한다.
「최후의 만찬」 액자 아래에서 즐기는 만찬은 기부금 두둑히 내는 게 기쁠 정도로 근사하다.

그에게 인사를 못하고 와서 미안하다는 말도 한다. '그래, 피아, 카미노 친구랑 그렇게 헤어지고 다시 못 본다고 생각하면, 얼마나 아쉽겠니. 니 맘 내가 안다. 알아.'

식사를 하며 대화가 길어진다. 한스는 피아와 이야기를 나누며 내게 눈을 찡긋 한다. 고맙다는 뜻으로 고개를 끄덕여주었다. 바르셀로나 일행은 영어를 잘했다. 그들과 즐거운 대화를 나누었다. 바스크와 카탈루냐에 대한 이야기도 하고, 가는 길에서 잊지 말고 봐야 할 것들을 일러주기도 했다. 친절한 남자들이다. 그들은 이 거창한 저녁식사의 설거지까지 도맡겠다고 자청했다.

자전거순례자들은 한번 만나는 것으로 인연이 끝난다. 그런데 이들은 어제 메리다에서 보았고 오늘 또 만났다. 그들은 앞으로 쏜살같이 가는 데 목적을 두지 않는다. 한곳을 충분히 보며 천천히 가는 거다. 스포츠를 목적으로 타는 자전거 팀들과는 다른 것이다. 갈수록 호감이 가는 멋진 사람들⋯. 이런 여행자들과 한 팀을 이룬다면 나도 대번에 자전거를 배울 텐데⋯.

사람과 사람 사이, 소통보다 중요한 게 또 있을까. 이들과 한 가지 언어로 시원하게 소통이 되니까 더 이야기를 나누게 되는 것이고, 그러면서 서로를 잘 알아가니까 관계가 한결 좋아지는 게 아닐까. 피아 역시 그녀의 즐기는 대화 상대가 그녀에게 기쁨을 주는 것이다. 고마운 한스가 오늘 그 역할을 톡톡히 해내고 있다. 상대를 위해 저렇게 정성을 기울이는 갸륵한 마음이 있으면 소통은 얼마든지 가능한 거다. 언어가 아무리 서툴러도 아무런 방해가 되지 않는 거다.

알쿠에스카르 → 알데아 델 카노(17km)

Alcuéscar ⟶ Aldea del Cano

나의 길거리 콘서트

모나스테리오에서 일찍 나와 일행 모두 길 건너 바로 가서 차와 크라상으로 아침을 먹은 뒤 출발했다. 7시 30분. 오늘도 17km를 걷는 일정이니 여유롭다. 도중에 로마다리와 고대 로마 이정표가 있는 곳을 지나기에 비디오카메라도 목에 걸고 출발했다.

오랫동안 혼자 걷는 길. 노래를 불렀다. 무아지경에 빠져 노래를 부르는데 뜨거운 시선이 느껴졌다. 한둘이 아니라 떼거지로. 철조망 건너 한 무리의 소떼가 어슬렁어슬렁 나와 같이 걷고 있는 것이다. 그 맑은 눈동자들이 떼를 지어 나를 향해 있다. 흠흠, 이 멋진 청중들을 무시하고 갈 순 없지. 팬 서비스 차원에서 아예 그들을 바라보고 서서 세레나데를 불렀다. 「애수의 소야곡」이다. "운다고 옛사랑이 오리오마는, 눈물로 달래보는 구슬픈 이 밤…." 소들은 정말 꼼짝 않고 나를 바라보았다. 세종문화회관 대공연장 무대가 따로 없다. 그들을 위한 특별공연을 마치고 정중하게 인사를 하고서 길을 떠났다. 나의 콘서트는 적어도 한 시간 이상이다. 지루한 길, 즐거움은 스스로 만들며 간다.

스페인은 치코니아ciconia, 즉 황새의 고장이기도 하다. 교회의 종탑이나 높은 나무마다 어김없이 황새 둥지가 있다. 치코니아는 서양에서 행복을 가져다주는 새다. 아기를 가져다준다고도 하니까 삼신할미 같은 셈. 행복과 끈기, 인내를 상징하는 길조 황새. 우리나라에서도 천연기념물이듯, 세계적으로 보호조류다. 오늘 지나는 마을의 황새 조형물들은 아주 세련되고 멋지다.

아치 하나의 로마다리를 지나니 로마인들의 이정표인 마일스톤milestone이 나타났다. 로마인들의 이정표로 쓰인 돌기둥이다. 1로마마일마다 이 돌기둥을 세웠는데, 1로마마일은 로마인의 1,000걸음으로 약 1.5km에 해당한다. 이 돌기둥을 기준으로 각 마을과 도시의 거리를 계산했고, 또 30~40km 간격을 두고 역참을 세웠다. 역참에는 마구간과 숙소가 있었다. 이 역참을 스타치오네스stationes라고 했는데, 역을 가리키는 영어 스테이션이 이 단어에서 유래되었고, 스페인어 에스타시온estación에도 그 흔적이 남아 있다. 오늘 지나는 마일스톤 주변에서도 이 역참의 흔적을 발견할 수 있다. 때마침 이 마일스톤 주변으로 양무리가 몰려왔다. 고대 마일스톤을 양무리가 둘러싸고, 그 사이로 스페인 삼총사 순례자들이 걸어 들어왔다. 내 기억 속의 멋진 영상으로 남을 장면이 만들어지고 있다.

에스트레마두라의 양떼들이 산초 삼총사에게서 마일스톤을 지켜내고자 온몸으로 둘러싸고 있다.
저 개구쟁이 삼총사를 떠올리니 이 장면이 「치킨런」의 스틸컷 같다는 생각도 든다.

달콤한 우리들의 거실

오늘은 바람이 제법 거세다. 햇살 아래서도 선선해서, 논스톱으로 걸어 마을에 도착했다. 오늘의 알베르게는 방이 둘뿐인 자그마한 곳이지만 부엌을 비롯한 시설은 좋다. 건너편의 라스베가스 바에서 숙박비를 지불하고 세요를 받은 뒤에 열쇠를 받았다. 피아, 툴리키, 나, 그리고 한스, 하이너호, 클라우스. 이렇게 여섯이 전부니 오붓하고 좋다.

피아는 부엌을 보고 베로나 스타일 스파게티를 만들 수 있겠다며 즐거워한다. 우체국에서 엽서를 부친 뒤 동네 산책을 하다 옥스포드 여왕님과 근위병을 만났다. 그들은 15km를 더 걸은 뒤 묵을 예정이라고 한다. 어제, 수도원의 깊은 밤에 정다운 말동무가 된 한스와 피아가 함께 장을 봐왔다. 그런데 또 양이 모자라 보인다. '어떡하니, 피아. 내가 좀 먹거든, 응?'

실내가 더 서늘해 알베르게 밖의 벤치에 앉아 책을 보는데 바르셀로나 자전거 팀이 알베르게 앞을 지나게 되어 다시 만날 수 있었다. 그들은 참으로 느림보 자전거 팀이다. 여행스타일이 마음에 쏙 든다. 네 명중 셋은 남자고 한 명이 여자다. 이 자전거 팀에 끼고 싶을 만큼 그들은 즐겁게 여행을 하고 있다. 보통 자전거여행자들의 하루 코스는 도보여행자들의 네 배에 육박한다. 그러나 이들은 언제나 큰 길을 훌쩍 벗어나 주변의 명승지를 다 둘러보며 간다. 아, 그 팀의 남자들은 또 어찌나 지적이고 핸섬하고 세련되고 자상들 하신지. 같이 여행을 한다면 틀림없이 그중 누군가와 마구 사랑에 빠져들 것 같은 예감이 드는 훈남들. 아쉽고 또 고맙게도 슬픈 사랑의 역사를 만들지 않게 되어서 그들과도 슬픈 인사말 "아디오스"를 주고받았다.

리오하와 에스트레마두라산 포도주 다섯 병을 곁들인 저녁은 풍성했다. 피아의 베로나 스파게티는 정말 맛있다. 양이 적은 게 흠이지만. 그래서 난 나름대로 머리를 굴려 피아 옆에서 토르티야 데 파타타를 만들어 함께 내놓았다. 만들 때부터 뭘 그딴 걸 만드냐는 눈치로 시큰둥해하던 피아는 물론 손도 대지 않았지만, 다른 친구들은 맛나게 먹었다. 다른 순례자들 없이, 우리 여섯 명이 독차지한 이 공간은 마치 친한 친구의 거실 같은 느낌이다. 피아의 베로나 스파게티와 나의 토르티야 데 파타타를 다섯 병의 포도주와 함께 뚝딱 해치운 뒤, 오붓한 분위기 속에서 정겨운 대화가 밤늦도록 이어지는데, 툴리키의 전화벨이 울린다. 남자친구다. 달콤한 밀어를 나누며 너무 예쁘게 행복해하는 툴리키, 빙긋 웃으면서 마구 부러워하는 독일 남자들, 알데아 알베르게의 밤이 달콤하게 깊어간다.

Day 13

알데아 델 카노 → 카세레스(23km)

Aldea del Cano → Cáceres

한 많은 도시 카세레스

하늘은 별빛이 수놓고, 우리 앞길은 랜턴 불빛이 수놓는 새벽길. 아스팔트에 부딪히는 지팡이 소리가 경쾌하다. 툴리키, 하이너호, 클라우스는 등산용 스틱을 사용한다. 주유소 옆의 바에서 우리는 함께 아침을 먹었고, 맞은편 나무 난간이 세워진 다리를 건너 국도를 벗어났다. 금세 아름다운 구릉지대가 펼쳐진다. 그저 밀밭인데도, 밀이 익어가는 빛깔이 제각각 달라 마치 조각보 이어놓은 듯 예쁘장하다.

긴긴 구릉지 끝에 카세레스가 있다. 도심으로 안내하는 노란색 화살표가 특히 잘 되어 있다. 이글레시아 데 산 후안이 있는 곳이 올드타운인데, 저렴한 펜션을 찾아갔다.

카세레스는 제대로 된 도시다. 그 안의 역사유적만 둘러보는 가이드 투어가 두 시간이나 걸릴 정도다. 카세레스는 과거 한 많은 도시였다. 국토회복이 한창이던 때는 고생깨나 했다. 그리스도교의 레온왕국과 이슬람 지배를 받던 안달루시아 사이에 끼어 있는 처지였다. 12세기 내내 정복과 탈환의 전쟁으로 얼룩진 곳이 카세레스였다. 모사라베이슬람 지배 하의 그리스도교인, 물라디이슬람교로 개종한 그리스도교인, 무데하르그리스도교 지배 하의 이슬람교도, 토르디나스그리스도교로 개종한 이슬람인, 에나시아도그리스도교와 이슬람교의 경계선에 있던 사람, 콘베르소스그리스도교로 개종한 유대인, 이렇게 복잡한 종교적 정체성의 소유자들이 다 공존하며 살았으니 그 더부살이가 어찌 순탄하기만 했을까.

레온의 알폰소 9세가 정복해 다스리던 시절인 13세기에는 이 도시가 자유무역도시로 번영하여 상인들과 귀족들이 몰려왔다. 이들이 서로 경쟁적으로 웅장한 집과 요새를 쌓은 궁전들을 짓는 등 갑자기 부유한 도시가 되었다. 국토회복이 끝난 후인 15세기 페르난도와 이사벨이 다스리던 시절에는 그들에게 미운털이 박힌 건축물들은 모두 철거되었다. 그 자리에 다시 지은 건물들이 지금 이 우아한 르네상스풍 도시의 면면을 이루며, 세계문화유산으로 보호받고 있다. 즉 올드타운은 거의 모두 15, 16세기에 형성된 것이다.

카세레스에 유명한 게 하나 더 있다. 우마드WOMAD 즉 world of music, arts and dance 페스티벌이다. 매년 5월 둘째 주에 행해지는 이 행사를 보기 위해 7만의 인파가 이곳으로 모인다. 카세레스에선 거대한 황새가 비둘기처럼 흔하다. 카사 이토레 델라 치코니아, 즉 '황새의 집'이라는 탑이 있을 정도다. 이 탑은 집주인이 이사벨 여왕에게 바친 충성심이 인정되어 철거되지 않은 것으로도 유명하다.

유럽 여행을 하다 보면 자연스레 독특한 문장에 관심을 갖게 된다. 물론 유럽 전역의 유서 깊은 건물들은 문장으로 도배된 듯하지만, 스

페인 산골에 있는 도시나 작은 마을에서 발견하는 문장도 재미있다. 카세레스 올드타운의 수많은 저택과 교회의 문장 또한 무척 다양해서 빼어난 볼거리를 제공한다. 교회는 문을 개방해 두어서 자유롭게 안을 들여다볼 수 있다. 지금까지는 교회가 문을 닫아둔 바람에 특별히 멋있다는 산티아고 상을 볼 수 없는 경우가 제법 있었다. 마침 일주일간 교회의 특별기도 기간이라고 한다. 꽃으로 장식한 성모상 앞에서 열심히 기도하는 사람들…. 가톨릭은 여기 카세레스에 잘 살아 있다.

일행과 떨어져 혼자 도시투어를 하다 피아와 한스를 만났다. 오늘 피아는 즐겁다. 그렇게 시끄럽다고 투덜대던 독일 친구들과 잘 어울려 다니고 있다. 골목길을 걷는데 귀에 익은 재즈가 들려왔다. 음악을 따라 들어간 바. 바텐더는 내게 한국 사람인지를 묻더니, 대뜸 "딸딸이 아빠! 딸딸이 엄마!"라고 외친다. 그는 한국인과 함께 일을 했었고 내게 한 그 말이 유일하게 아는 한국어라고 한다. 한국인에 대한 좋은 추억이 있었기에 한국 사람 좋다며 엄지를 세운다. 동료가 딸이 많은 아빠였나? 그는 클라라를 맛있게 만들었는데 맥주와 리모나다의 비율이 아주 좋았던 거다. 음악도 좋고 클라라도 맛있었다. 바텐더의 과잉친절이 못내 불편할 정도였던 게 흠이라면 흠. 오늘의 공식 이동거리는 짧았지만 올드타운을 돌아다니며 기웃거리느라 또 만만치 않게 걸었다.

Day 14

카세레스 → 엠발세 데 알칸타라(35km)

Cáceres → Embalse de Alcántara

타호 강의 추억

어제 피아가 한스와 많이 친해졌다. 그녀는 오늘의 목적지를 한스가 머무는 곳으로 정했다. 난 오늘 코스는 버스 타고 넘기를 원했는데⋯. 피아와 일행이 된 이상 어쩔 수 없다. 출발 전에 부탁을 했다. 35km를 가야 하니 8km 정도씩 걷고는 한 번씩 쉬었다 가자고 말이다. 한스가 시원스럽게 대답했다. 하이너호와 클라우스의 영어는 자유롭지 못하다. 한스와 내가 그중 제일 소통이 원활하다. 길에서 일어나는 해프닝들을 한스와 내가 이중 통역을 하면서 가는 중이다.

피아는 오늘 길에서 한스 흉내를 내며 걸었다. 만일 앙드레가 있었다면 앙드레 흉내만 내며 길을 갔을 텐데. 한스는 일행 중 제일 앞장서서 성큼성큼 걷는다. 그 뒤로 하이너호와 클라우스, 그 뒤에 피아, 맨 뒤가 나다. 한스는 나보다 1~2km 정도는 앞서서 가는 셈이다. 큰 키에 배낭을 메고선 양손에 자루를 하나씩 들고 간다. 하나는 카메라, 다

위 잠깐을 쉬어도, 클라우스는 독서 중!
실은 제대로 가고 있는 건지, 길을 확인 또
확인하는 게 몸에 뱄다.

아래 꺽다리 한스는 성큼성큼 걷는다.
일행 중 늘 제일 앞장이다.
길을 가면서도 늘 맥주를 마셔야 하는
영락없는 독일 아저씨다.

른 건 간식이 들었다. 툴리키가 있었다면 그녀가 한스 다음이겠지만, 그녀는 카세레스에서 하루 더 머문다. 이로써 상큼발랄한 툴리키와도 이별이다. 다시 만나기는 힘들 테니.

한스가 개인 농장을 통과하는 문 앞에 앉아서 우리를 기다리며 약속대로 쉬고 있다. 꼴찌로 도착한 덕분에 나는 찔끔 쉬고선 금세 다시 일어서야 했다.

산등성이와 들판의 구릉에 펼쳐진 자연은 도보여행자들에게 다양한 볼거리를 제공하며 걷는 자들을 유혹하고 격려하고 자극한다. 황새가 유유히 하늘을 가로지르는 모습이 너무 우아하다고? 그럼 우리 발소리에 놀라 달아나는 도마뱀을 보고 같이 한번 놀라주면 살짝 균형이 잡힌다. 로즈마리를 따서 주머니에 넣어두면 저절로 기분이 명랑 모드로 전환된다. 라벤더와 카모밀라도 좋다.

오늘의 목적지는 타호Rio Tajo 강가의 알베르게. 카세레스 펜션 주인 아저씨가 오픈했다고 일러준 곳이다. 산길을 가파르게 내려와 N630번 도로를 타고 걷는데 경주용 오토바이들이 도로에 납작하게 누워 코너링을 하며 내달린다. 절묘한 솜씨가 아찔하다. 혹시 오토바이가 미끄러져 날 덮치지나 않을까 마음 졸이며 다 지나가기를 기다렸다. 스페인은 목요일인 오늘부터 일요일까지 나흘간 휴일이다. 넓은 강가에는 피크닉을 즐기러 나온 차들이 즐비하게 주차되어 있고 낚시꾼과 사냥꾼이 숲 속에 자리를 잡고 있었다.

리오알몬테와 리오타호, 두 개의 강을 건넜다. 마을도 없는 강가에 덩그러니 세워진 리오타호 기차역을 지나 무더위에 녹초가 된 채 알베르게에 도착했다. 두 강이 어우러져 만들어낸 호수를 내려다보는 절경 속에 자리한 알칸타라 알베르게는 현대적 디자인의 누에보 알베르게다.

산초 삼총사가 나를 찾아왔다. 자기들이 들고 온 비아 델 라 플라타 가이드북에 내가 늘 알베르게 방명록에 그려 놓고 다니던 그림과 사인을 해달라고 부탁했다. 세 분을 모셔갈 마나님 세 분이 차로 알칸타라를 찾아왔다. 즉 이제 걷기를 그만두기 때문에 만날 수가 없다는 것이다. 물론 흔쾌히 그림을 그려드렸다. 아쉬워하는 그분들 노트에 따로 그림과 한글도 써드렸다. 이번 여행길 내내 나만의 아바타를 남기는 게 또 하나의 여행의 재미였는데, 어느새 '찾아오는 캐릭터'로 성장하다니, 뿌듯하여라!

이곳 숙소 주변에는 바나 레스토랑, 슈퍼가 없다. 알베르게에서 모든 걸 해결해야 한다. 저녁은 냉동된 음식을 사서 전자렌지에 데워 먹었다. 맥주나 커피도 마실 수 있다. 알베르게의 앞뜰에서 호숫가로 지는 석양을 바라보았다. 모두 서서 지는 해를 카메라에 담느라 바쁘다.

타호 강은 스페인 동부 알바라신 산맥에서 발원하여 포르투갈을 가로질러 대서양으로 흘러간다. 1,038km의 길이로서 한반도보다 더 길다. 이베리아 반도에서도 가장 긴 강 리오타호. 강은 동에서 서로 흐른다. 난 이 타호 강을 따라 여행을 한 적이 있다. 지금 지척에 두고 피곤해 가지 못하는 곳인 알칸타라에서 105년에 지어진 로마다리를 넘어 포르투갈의 국경을 건너 리스본으로 갔었다. 포르투갈에서는 이 강을 리오테주Rio Tejo라 부른다. 리스본 포르투갈에서는 '리스보아'로 부른다.에서는 이 테주 강에 세워진 긴긴 다리를 건너기도 했다.

언제던가, 뉴욕의 엠파이어빌딩에 처음 올랐을 때가. "우와, 내가 여

이베리아 반도에서 가장 긴 강 리오타호는 길이 1,038km로서 한반도보다 더 길다.

기를 와보다니! 언제 내가 여길 다시 올 수 있을까…" 하지만 그 후로도 자주 뉴욕을 찾았고 여러 차례 엠파이어빌딩에 올랐다. 생은 그렇게 새옹의 말처럼 뜻밖의 일들로 가득하다. 스페인의 이 후미진 골짜기에 흐르는 타호 강을 다시 찾을 줄은, 그것도 걸어서 다시 올 줄은 정말 몰랐다. 타호 강가에 지어진 깔끔한 알베르게의 앞뜰에서 호수를 붉게 물들이는 노을을 보고 있자니, 꼭 다시 이곳을 찾으리란 예감이 강렬해진다. 하지만 그 또한 알 수 없는 일….

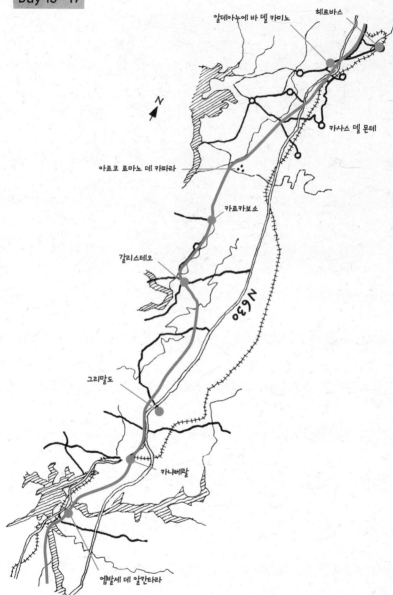

엠발세 데 알칸타라 → 그리말도(19km)

Embalse de Al cántara ⟶ Grimaldo

성자 산 호세 축제

지도를 보니 오늘 길은 오르막과 내리막이 거듭되는 구간이다. 무릎 고생 좀 하게 생겼다. 하이너호가 스틱을 빌려주면서 사용법까지 일러준다. 카냐베랄 마을에서다. 앞서가던 일행이 교회 앞에서 턱수염이 산발한 사람과 이야기를 나누고 있다. 내가 들어서자 "코레아"를 외치며 나를 막고선 다짜고짜 서울과 칠레의 무역협정에 대한 이야기를 퍼부었다.

영어에 프랑스어, 이탈리아어까지 동원한 그의 달변에 우리 일행의 혼이 쏙 빠지는 듯하다. 얼떨떨해 있는 우리들을 마치 자기 집 데리고 가듯이 어느 바로 안내한 후 곧 다시 보자는 말을 남기고 떠났다. '뭐야? 삐끼였나?'

우리는 서로를 쳐다보고 어깨를 으쓱대며 의아해했다. 내가 그에 대해 아는 것은 칠레사람 호세란 것, 순례자로 왔다가 이곳에서 벌써 1년째 살고 있다는 것 정도다. 산발한 수염이 참 잘 어울리는 인물에 매우 지적이라는 것. 그는 피아의 도시 베로나뿐만 아니라, 독일 친구와 네덜란드 친구들의 도시도 잘 알았고, 그에 대해 끊임없는 화제를 쏟아냈다. 갑자기 소나기를 맞은 것 같은 느낌에서 깨어나 우린 한바탕 크게 웃었다. 곧 만나자던 호세는 물론 다시 볼 수 없었다.

우리의 목적지 그리말도에는 슈퍼가 없고, 작은 바와 알베르게뿐이다. 캐나베랄 마을의 슈퍼에서 필요한 것들을 사고 길을 떠났다. 마을을 빠져나오니 엄청 가파른 언덕이 버티고 서 있다.

언덕을 기어오르니 잘생기고 건강한 소나무 숲이 펼쳐졌다. 소나무 사진작가 배병우 선생님이 생각났다. 그분은 이 숲에서 어떤 영감을 받을까? 그분의 작품에서 본 이미지를 흉내 내어 셔터를 눌러보지만, 음음….

아름다운 꽃들의 길안내를 받으며 그리말도에 도착했다. 작은 알베르게에 짐을 풀고 들른 바에서 "우노 클라라"를 외친다. 점점 클라라가 좋아진다. 난 맥주나 탄산음료를 좋아하지 않지만, 둘이 합쳐진 클라라의 매력에는 자꾸 빠져든다.

그리말도에서는 바비큐를

잠시 낮잠을 즐기고 있는데 피아가 호들갑스럽게 부른다. 한 스페인 순례자가 카트를 끌고 왔다. 짧은 수염과 머리칼이 온통 백발인 노인 마르코. 카트 옆에 놓인 나무지팡이가 어찌나 꼬부랑꼬부랑 휘어 있는지, 힘을 받을까 싶다. 그는 전통 순례자 모자에 조개를 붙이고 카트엔 호리병박까지 달았다. 큼지막하면서도 예쁜 그 호리병박 속에는 포도주가 들어 있다. 화제가 될 만한 분이다.

알베르게 뒤편 언덕에서 숯불 바비큐가 한창이다. 아, 남들 먹을 때 침 흘리는 짓은 말아야 하는데, 이런, 눈을 뗄 수가 없구나. 무심한 척 돌아서는데, 또 눈길을 끄는 게 있다. 나무 기둥에 매단 옷가지들. 옷으로 만든 허수아비도 있고, 여기저기 옷가지들이 기둥에 매달려 있는데, 이게 무슨 퍼포먼스람?

그러고 보니 알베르게 위층에선 동네 가구 수보다 더 많은 사람이 모여 술을 마시며 떠들썩하다. 아이들도 이리저리 뛰어다니며 분주하다. 수다삼매경의 아줌마들 사이에서 영어가 조금 통하는 분을 만나 그 재밌는 예술행위에 대해 물었다. 그녀에 따르면 오늘 아침에 자신들이 그렇게 퍼포먼스를 했고 토요일 밤에 태울 것이란다.

매년 5월의 첫 번째 주말에 펼치는 이 축제는 성자 산 호세의 기나긴 여정을 기념하는 것으로, 건강과 행복을 바라는 염원을 담아 100년째 이어져 내려오는 전통이라는 것. 이때면 이 마을이 고향인 사람들이 가까운 외지에 살다가 축제를 즐기러 온다고.

아쉽게도 나는 대미를 장식하는 불꽃축제를 볼 수가 없다. 내일 자정이라니! 그녀와 얘기를 나누는 사이 다른 아줌마가 빵에다 이글이글 맛나게 익은 돼지고기를 집어넣더니 내게 건넨다. '와우! 바로 이거야. 하하하.' 참나무 향이 진하게 나던 그 바비큐 맛은 지금 생각해도 침이 꼴깍 넘어갈 정도다. 다 먹고 숯불에 고기를 굽는 아저씨께 고맙다고 인사를 하니 이리 오

순례자 모자에 조개를 붙이고 카트엔
호리병박까지 단 스페인 순례자 마르코.

슈퍼도 없는 조그만 마을
그리말도에서 산 호세 축제가
한창이다.
축제보다는 마을잔치에
더 가깝지만, 신나고 즐겁고
떠들썩하기로는 어느 축제
못지않다. 매년 5월 첫 번째
주말에 펼치는 이 축제는
성자 산 호세의 기나긴 여정을
기념하는 것으로 건강과
행복을 바라는 염원을 담아
100년째 내려오는 전통이다.

라 손짓을 한다. 더 먹으라는 것이다. 그리고 접시에 가득 담아 주셨다.

난 그 접시를 들고 알베르게로 갔다. 모두들 환호성을 지르며 반겼다. 아니, 날 반기는 거야, 아님 접시야? 특히 남자들의 반응이 폭발적인데, 옥스퍼드 여왕님과 근위병은 그 맛에 반해 아예 바비큐파티장으로 올라갔다. 과연 여왕님이시다. 여왕님은 그곳에서 바비큐와 맥주를 마시며 파티장의 분위기를 즐겼다. 기꺼이 마을 축제 마당에 함께 참여하고 즐겁게 흥을 돋우며 흔쾌히 낯선 문화를 배우려는 여왕님의 자세는 나와 똑같다.

저녁식사는 알베르게 옆의 바에서 했다. 주인장은 오늘 바쁘다. 외지에서 친척과 고향사람들이 돌아와 북적이고, 파티도 즐겨야 하고, 순례자까지 챙겨야 하니. 그러나 얼굴 가득 즐거움이 넘치는 게 보기 좋다. 저녁 늦게 예순이 넘은 아버지 순례자가 좌청룡 우백호 듬직한 아들 둘을 데리고 들어오셨다.

아버지의 표정은 세상 부러울 것 없이 자랑스럽고 여유로운 모습이다. 늦게 도착한들, 길을 잃은들 무슨 염려가 있으랴. 건강한 두 아들과 함께했으니. 참으로 부러운 모습이다.

붐빠! 붐빠! 모처럼 고향에 돌아와 옛 친구들과 어울린 스페인 사람들의 생음악 파티 속에 무르익는 그리말도의 밤은 길고도 깊었다.

Day 16

그리말도 → 카르카보소(31km)

Grimaldo → Carcaboso

북두칠성을 따라서, 붐빠라! 붐빠!

거나한 파티의 소음에 모두들 잠을 설쳤다. 일찍 일어나 출발하니 새벽 5시 30분. 머리 위로 쏟아질 듯 새벽별이 찬란하다. 모두 고개 꺾고 새벽하늘을 올려보며 입을 딱 벌린다. 귓전엔 아직도 환청이 웅웅 댄다. 밤새 울려대던 그 소리, 붐빠붐빠, 붐빠라붐빠. 저토록 선명한 북두칠성은 난생처음이다. 그 북두칠성을 따라 걷는 길. 별빛의 안마 덕분에 밤새 설친 잠자리의 피로가 확 날아간다.

오늘은 세 번이나 충분히 쉬며 걸었는데도 오른쪽 발등이 칼로 찌른 듯 아프다. 불편하게 걷는 나를 본 하이너호가 자기 스틱 두 개를 내 키에 맞춰주었다. 이럴 때 스틱 두 개는 물론 반가운 구원의 손길이지만, 그래도 발등의 통증은 여전했고 은근히 겁이 나기도 했다. 프랑세스 길에서 발등 통증 탓에 길을 중단하고 떠났던 헤니 생각이 났다. 그때 헤니의 통증은 발등에 금이 가서 생긴 것으로 밝혀졌다. 나도 만약

비아 델 라 플라타에서 보는 이정표. 노란색 이정표가 끝나는 곳에 산티아고가 있다.

그렇다면…. 오늘따라 구간거리도 길어서 여덟 시간이 훌쩍 넘게 걸려서야 겨우 마을에 도착했다.

먼저 도착해 있던 한스가 마중을 나왔다. "한스! 내가 염려 되어서 나온 거야?! 나 완전 감동 먹었다!" 그렇게 너스레를 떠니 한스가 정색을 한다. "킴! 그럼 물론 염려가 되지. 우린 서로 돌보며 길을 끝내야 하잖아. 우린 팀이라고." 아, 이 남자, 사람 감동시키네. 피아와 나, 두 여자의 눈동자가 하트 모양으로 변한다. 돌이켜보니 아마도 이때부터 피아가 한스에게 완전히 빠진 게 아닐까?

이곳의 오스탈은 사설 알베르게 같다. 한스는 내게 통증완화크림과 알약을 주었다. 내게도 있는데, 자기 것이 더 좋다며 한사코 권한다. 침대에 누워 있었지만, 걱정스런 마음에 잠도 오질 않는다.

오스탈은 엘레나 할머니가 운영을 한다. 바도 그녀의 것이다. 저녁에 엘레나 할머니와 클라우스가 바에서 한참 동안 대화를 나누었다. 그에 따른 결정은, 내일 택시를 타고 가는 것! 내일 코스는 중간에 숙박할 수 있는 곳이 없어서 내리 38km를 걸어야만 한다. 아르코 데 카파라Arco de Caparra는 비아 델 라 플라타 가이드북 표지에 나올 정도로 멋진 유적지다. 바르셀로나 자전거 팀도 꼭 들르라고 동그라미 치며 내게 강추했던 곳이다. 그래서 아르코까지 18km를 택시로 이동한 뒤 거기서부터 걷자는 것이다. 아침에 올 택시를 불러놓고 나니 마음이 그렇게 홀가분할 수가 없다.

"무초 무초 그라시아스!" 인삿말을 연발하며 할머니를 끌어안았다. 물론 내 상태 때문이지만, 사실 일행도 모두 지쳤긴 마찬가지. 게다가 내일도 무더위가 예보된 상태이고. 택시! 택시! 택시! 흥겨운 노래를 부르며 피아와 클라라를 마셨다.

오늘 밤 피아의 마지막 말. "킴! 한스 멋있지 않아? 아, 행복해." 그래? 내 마지막 말은, "오, 택시! 너무 멋있지 않아!"

Day 17

카르카보소 → 알데아누에바 델 카미노(38km)

Carcaboso → Aldeanueva del Camino

사통팔달, 로마인의 문

일요일 아침. 1층의 바에서 커피와 빵으로 아침을 먹는 사이 택시가 도착했다. 커다란 밴이다. 배낭 다섯 개를 싣고 다섯 명이 타도 여유가 있다. 일요일 아침 일찍 와준 택시기사는 친절했다. 그는 개인 차량으로 엘레나 할머니와 연결하여 가끔 순례자들을 위해 이런 일을 하는 것 같다. 나중에 택시를 이용하려 했다는 다른 순례자들이 "택시는 없었다"고 하는 걸 보면, 택시기사가 일요일에 아마 다른 스케줄이 있었던 거겠지. 일행들의 택시에 대한 최종결론. 아르코까지 40유로임을 말하고 택시는 출발했다.

16일 동안 걷기만 하다가 함께 차를 타고 간다. 우주선에 타면 이런 기분일까. 몸보다 맘이 더 붕 뜬다. 자동차도로로 달리는지라 이른 아침 길을 떠난 순례자들의 모습을 볼 수는 없었다.

드디어 아르코 데 카파라 입구다. 일인당 8유로씩 갹출하니 택시 점

아르코 데 카파라. 지금은 아르코라는 이름의 아치만 우뚝 솟아 있지만 과거엔 로마도시
카프레라가 번창했던 곳이다. 세비야에서 살라망카에 이르러 아스투리아의 금광으로 이어지던
비아 델 라 플라타의 길목에 자리 잡은 카프레라는 제법 큰 규모였다고 한다.

프 끝! 이 아르코 아치는 2세기경에 지어진 것으로 아치의 형태가 네 방향으로 뻗어 있다. 이곳이 로마도시 카프레라Caprera에서 동서남북의 네 방향으로 이어지던 사통팔달 교통 요충지의 상징이었으리라 짐작된다. 아르코 바로 옆에 이정표인 마일스톤이 세워져 있다. 일행은 밝아오는 여명 속에 아르코를 배경으로 여유롭게 사진을 찍었다. 아쉬움 한 점 없을 만큼 사진기 속에 잔뜩 작품 사진을 쌓은 뒤 우리는 걷기 시작했다.

이 구간에는 전봇대 같은 나무기둥들이 서 있다. 황새 아파트다. 기둥 꼭대기에 넓은 나무판을 올려놓아 황새들이 집을 짓도록 했다. 곳곳에 그런 기둥들이 있었는데 이미 황새가 입주해 단독주택을 마련한 곳도 있고 아직 미분양인 채로 남은 기둥도 있다. 황새둥지 아래 이름 모를 작은 새가 집을 지어 들락거리는 재밌는 연립주택도 눈에 띈다. 개중에는 마침 멋진 날개를 펼쳐 나그네들의 사진 촬영에 모델이 되어주던 황새가족도 있었다.

일요일을 맞아 자전거를 타고 나와 피크닉을 즐기는 이들이 우리 곁을 스쳐지나갈 때 피아가 그들에게 앞쪽 어디쯤에 바가 있는지를 물었다. 3km 정도 앞에 있다고! (자동차여행자용 휴게소에 딸려 있는 바였다.) 땡볕에 아스팔트를 걷다 보면 시원한 클라라 한 잔 말고는 아무 생각이 없어진다.

목적지 알데아누에바 알베르게에 도착하니 먼저 도착한 한스 일행이 씩씩거리며 우릴 기다린다. 택시를 타고 이동해 걷기 시작한 우리이기에 누구보다도 먼저 이 알베르게에 도착을 했건만, 맙소사 '콤플

저 멀리 메세타의 예고편처럼 보이는 산꼭대기에는 놀랍게도 흰 눈이 쌓여 있다.
오스탈의 베란다 경치는 알베르게 때문에 뒤틀린 우리 심사를 확 풀어주었다.

레토'completo=full란다. 전화예약으로 단체 손님을 받아 꽉 찼다는 건데, 원래 전화예약을 받지 않는 거 아니냐며 따지는 친구들에게 너무나 야박하고 퉁명스럽게 "콤플레토! 콤플레토!"만 외치며 박대를 했다는 것.

어쩌겠는가. 불쾌한 기분을 누르고 마을 안으로 오스탈을 찾아갔다. 오래된 목조 발코니에 꽃이 흐드러지게 핀 골목을 돌아, 폭이 좁은 시냇가에 놓여진 중세시대의 홍예다리를 건넜다. 자전거순례자들이 홍예다리 주변에서 사진을 찍으며 쉬고 있다. 아름다운 골목길 풍경이다. 하지만 쉽게 나타나지 않는 오스탈, 불편한 심기 탓에 화가 난 늑대처럼 두리번거리며 앞서가는 세 독일친구, 그 뒤를 바쁘게 따라 걷는 피아. 이 심상치 않은 분위기에 짓눌려 나도 사진도 찍지 못하고 열심히

황새 아파트도 있지만 치코니아가 제일 좋아하는 건 높은 종탑이다.
종소리가 하나도 성가시지 않은 건지, 아니면 그리스도의 십자가가
너무 좋은 건지, 아무리 불편해 보여도 아슬아슬 위태위태하게
기어이 둥지를 지어 거기 깃들어 산다.

뒤따라갔다.

　오늘 구간의 38km를 온전히 걸어온 다른 친구들이 하나둘 들어오기 시작한다. 택시 덕분에 한낮의 열기를 피해 오스탈에서 맥주를 마시고 있던 우리가 미안해질 정도의 모습들이다. 땀범벅이 된 옷, 벌겋게 익어버린 얼굴, 힘에 겨워 지친 모습들. 폭염의 기세가 대단한 하루였다. 가장 늦게 옥스포드 여왕님이 근위병과 함께 당도했다. 이 커플은 늘 제일 늦게 출발하고 제일 늦게 도착한다. 길에서 충분히 즐기며 걷기 때문이다. 오늘은 그분도 택시를 이용하려 했지만 구하질 못했고, 더위에 지쳐 숲에서 한숨 자고 열기를 피한 후 걸어왔다고 한다. 벌겋게 익은 얼굴에서도 여왕님 특유의 생기는 넘쳐나고 있다. 궁금하여라. 저 생기의 원천은 대체 무엇일까?

　피아는 길에서도 숙소에서도 여왕님과 근위병만 없으면 근위병 흉내를 내곤 한다. 사실 근위병은 누가 봐도 게이 같은 몸짓의 소유자다. 하여튼 피아는 개구쟁이 짓도 유별나게 한다.

　오늘 저녁 때 피아는 샤워 후 향수까지 뿌리고 한스 옆자리에 앉았다. 한스도 이제 피아가 싫지 않은 눈치다. 의사소통이 원활하지 않으면 서로 내게 통역을 부탁하기도 하지만, 이제 서로 들고 온 사전을 뒤적이며 둘이 이야기를 풀어 가려고 애쓴다. "한스~ 한스~ 하안스~!" 피아 특유의 매력적인 비음이 간드러지게 한스를 찾고 있다.

로마제국의 도시 카프레라 입구에 있는 아르코 데 카파라.
사통팔달의 문으로 향하는 길이다. 기원전 1세기 로마유적이다.

산티아고 데
콤포스텔라
패드론
레돈델라
오렌세
산탄데르
폰페라다
레온
푸에블라 데 사나브리아
부르고스
카미냐
브라가
샤베스
포르투
라메구
사모라
살라망카
코임브라
마드리드
카스텔루
브랑쿠
칼사타 데
베하르
카세레스
산타렝
메리다
카스투에라
리스보아
에보라
사프라
코르도바
베자
세비야
그라나다
라고스
파루

플라타 길
메세타 고원지대 이동경로
모사라베 길

생장피드 포르

팜플로나

발렌시아

메세타는 카스티야–레온 주의 방대한 고원지대를 가리킨다. 시작과 끝부분 말고는 그야말로 광활한 평원을 이룬다. 일견 단조로운 전원, 산악 풍경이 한없이 펼쳐지지만, 그 품 안에 대학도시 살라망카, 멋진 레스토랑과 토로Toro 포도주의 고향 사모라 등 큰 도시도 안고 있다.

카스티야 지방은 무어인들이 이베리아 반도를 호령하던 시절에도 가톨릭권에 머물렀고, 레콩키스타 이후 스페인 전역을 다스렸던 공국으로, 오늘날 '스페인 문화의 요람'으로 손색이 없는 곳이다. (스페인어는 여전히 '카스텔라노'라고 불리기도 한다.)

살라망카의 노란 사암 건물, 몬타마르타의 붉은 황토 흙벽돌집 등이 토착 건축의 흔적을 잘 보여준다. 두에로 강 유역의 온도 변화가 심한 기후에서 자란 부르고뉴 포도로 만든 리베이라 델 두에로 포도주, 사모라의 레스토랑 순례, 타파스 바에서 즐길 수 있는 크레스타cresta 등 지역 별미들도 유명하다.

카미노는 바뇨스 데 몬테마요르에서 시작해 푸에블라 데 사나브리아까지 넓고 편평한 고원지대로 이어진다. 메세타 진입 후 186km 지점인 그란하 데 모레루엘라에서 카미노는 두 갈래로 나뉜다. 북상해 아스토르가로 이어지는 루트(아스토르가에서 프랑세스 길에 합류)와 서쪽으로 꺾어 레케호, 라사를 경유하는 루트. 우리는 레케호 루트를 따라간다. 총연장 314km.

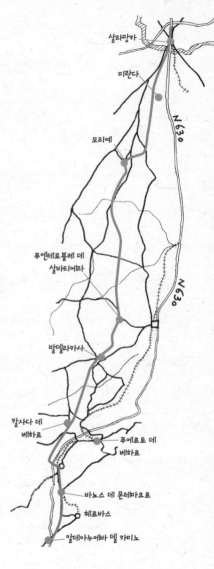

알데아누에바 델 카미노 → 칼사다 데 베하르(22km)

Aldeanueva del Camino → Calzada de Béjar

올라, 메세타!

오늘도 북두칠성을 따라 새벽길을 걷는다. 지금 걷는 길에서 4km
만 돌아가면 '스페인에서 가장 잘 보존된 유대인 지구'로 유명한 헤르
바스 마을의 '유대리아'ᴶᵘᵈᵉʳⁱᵃ를 볼 수 있건만, 일행 모두 그렇게 둘러
가길 원하는 눈치가 아니다. 유대리아를 그냥 지나치는 내 심정은 씁
쓸하다. 험난한 국토회복운동의 역사 속에 휩쓸렸던 유대인의 영화와
애환이 느껴질 것 같아 꼭 가보고 싶었는데….

출발 후 두 시간 반 만에 온천수로 유명한 바뇨스에 도착했다. 미네
랄이 풍부해서 근육과 호흡기에 문제가 있는 사람들에게 특히나 좋다
는 이곳의 온천수는 로마시대에도 유명해서 많은 여행자를 끌어들였
다. 오늘날에도 온천욕 겸 요양을 하는 환자들이 많아 호텔과 오스탈
이 잘 갖춰져 있다. 마드리드 사람들의 여름 피서지로 인기가 높은 산
간휴양지인 것.

바뇨스 데 몬테마요르 마을의
복원된 로마가도.
온천이 특히 유명한 바뇨스는
마드리드 사람들의 피서용
산간휴양지로 유명하다.

열린 바를 찾아서 아침식사를 하다가, 한스와 같이 출발했다는 한 독일 남자를 만났다. 그는 우리보다 하룻길을 앞서 가던 사람이다. 발목 부상 때문에 일정을 중단하고 집으로 돌아가려고 아침 버스를 기다리는 중인 것. 아마도 인대가 늘어난 것 같다고 한다. 발등 통증 때문에 이틀째 진통제 신세를 지고 있는 터라, 부상으로 중도포기 한다는 그의 처지가 남의 일 같지 않다. 순례를 마치지 못하고 떠나는 이를 본 탓일까? 우리 모두는 그곳에서 충분히, 아주 충분히 휴식을 취했다.

바뇨스 마을을 벗어나는 길은 높은 곳의 구도로인데 로마가도를 복원해놓은 곳을 통과한다. 과거 아스투리아의 은광으로 연결된 길인 것이다. 그 길을 따라 에스트레마두라 주의 카세레스 지방을 벗어나 카스티야레온 주의 살라망카 지방으로 들어선 것이다. 커다란 입간판 둘이 먼저 순례자들을 맞는다. 하나는 '유럽문화의 도시 살라망카'란 안내판이고, 다른 하나는 살라망카 시에 이르기까지 지나는 마을과 유적들을 카스티야레온 지방의 표기법으로 적어둔 것이다. 이제껏 지나온 안달루시아와 에스트레마두라 주는 스페인에서 여행자들에게 매우 인기가 높은 곳들이다. 이제부터는 이베리아 반도의 중북부 고원지대인 메세타 지대를 보름 정도에 걸쳐 오르락내리락하며 지나게 된다. 지금 그 첫 번째 마을로 가는 중이다.

포장도로를 통과하던 중 고속도로 밑 굴다리를 지나는데, 굴다리의 벽면 공간을 멋지게 장식해 놓았다. 플라타 길이 지나는 마을과 도시들을 아스토르가까지 기록한 그림이다. 카스티야레온 주의 북쪽 끝쯤인 아스토르가에서 플라타 길은 프랑세스 길과 만난다. 그러나 우린 아스토르가까지 북상하진 않는다. 사모라를 지나서 서쪽으로 방향을

같은 복원품이라도 격이 다르다. 로마자 132가 새겨진 그 모양새가 생뚱맞다.
1마일 더 가서 본 133마일 지점의 복원품은 훨씬 세련되어서 그대로 세월이 지나면 멋진
유적이 되어 나그네를 맞을 것 같다.

틀어 오렌세를 거쳐 산티아고로 갈 것이다.

스마일? 파타타!

살라망카 지방에 들어서니 이정표 정비가 잘 되어 있고 노란색 화살
표도 바로 엊그제 칠한 듯 샛노랗다. 오늘은 곳곳에서 마치 장터의 새
로운 볼거리들처럼 재밌는 장면들이 연출되어 발걸음을 가볍게 한다.
말 한 마리가 홀로 들판에 서 있다. 수줍은 색시가 신랑 꽁무니만 졸졸
따라다니듯, 슬금슬금 내 뒤를 따라오다 이윽고 맘이 변해 재미없다
는 듯 가버린다. 2000년 전에 지어진 로마다리는 포플라 나무 줄지어
진 강가에서 "어서 오십쇼"라고 외치며 튼튼한 레드카펫을 내 앞에 펼
쳐주었다. 모진 세월의 풍상을 견뎌낸 진짜 고대 로마 마일스톤 앞에

서는 화려한 복장의 자전거순례자들이 "올라"와 "부엔 카미노"를 외치며 나를 격려한다. 막바지 언덕을 힘들게 오르다 쉬고 있을 때는 경쾌한 말발굽소리와 함께 늙은 기사(?)들 일곱 명이 말을 타고 나타나 나만을 위한 서부영화 속의 한 장면을 연출하고 가기도 했다.

오늘의 알베르게는 사설이다. 마을 입구에 있는데다. 순례자 벽화와 순례자 모양의 풍향계로 한눈에 알아볼 수 있다. 조건이 똑같은 방 두 개가 6유로와 7유로로 가격차가 난다. 우리가 무심코 짐을 푼 방은 7유로다. 미리 알았다면 아마 우린 6유로 방에다 풀었을 것이다. 저녁식사는 미리 예약하는데 10유로다.

빨래하고 화창한 날씨를 즐기며 담소를 나누는 알베르게의 오후가 시작된다. 방명록에 정성스럽게 인사말을 남기고 알베르게의 공중전화로 뉴욕에서 일하는 딸에게 전화를 했다. 마침 집에 없는지, 통화를 못하고 아쉬운 마음으로 침대에 눕는데, 공중전화 벨이 울린다. 근처에 앉아 있던 한스가 전화를 받았는데, 아니나 다를까, 내게로 되걸어온 딸의 전화였다. 여행 출발 후 22일 만에 처음으로 딸과 통화했다. 내가 한국말로 대화하는 것을 처음 들은 친구들이 신기하게 쳐다보는 가운데, 훌쩍훌쩍 눈물까지 흘렸으니, 이거 체면이 말이 아니다.

햇빛이 누그러질 무렵 어슬렁거리며 마을 산책을 나간다. 피아는 한스와 단둘이 간다. "하하~" "호호~" 난 일부러 그들과 동행을 피했다. 그들만의 시간을 주고 싶기 때문이다. 하이너호와 클라우스는 다른 독일 친구들과 바로 갔고, 네덜란드 딕 부부도 둘이서 나갔다. 늘 공손해 보이고 점잖은 모습의 부부다. 옥스포드 여왕님은 오늘도 느지막히 도착해서 단짝 근위병과 알베르게에서 쉬는 중이다. 나는 홀로

마을 산책을 나갔다.

나무기둥과 석주로 받침을 한 목조발코니가 있는 오래된 돌집들이 예쁘게 남아 있는 작은 마을 칼사다 데 베하르. 좁은 골목길에서 양말을 깁고 코바늘 뜨개질을 하고 계시는 할머니 두 분. 아, 얼마나 오랜만에 보는 양말 수선 장면인가. 막다른 골목집 앞에서 새끼 강아지들과 동무하며 농기구를 수리하는 할아버지. 곳곳의 낡은 발코니와 마당 그리고 창문턱의 작은 틈까지 장식하고 있던 화사한 꽃 화분들. 집들은 오래되어 세월만큼 낡았지만 깨끗하고 아름답게 정돈된 마을이다. 가꾸고 매만지는 사람들의 정성스런 손길 덕분에 낡은 집들도 생명을 유지하며 정답게 함께 살아가고 있다.

저녁 식탁은 새로 합류하게 된 일행들로 시끌벅적하다. 벨기에에서 온 부부와 브라질 상파울로에서 온 아저씨. 브라질 아저씨 살키스가 호탕한 웃음으로 오늘 저녁식사 분위기를 이끌고 있다. 이들의 인연도 피아와 나 같다. 2006년 프랑세스 길에서 맺은 인연들이 다시 플라타 길에서 만난 것. 이들은 지난번의 카미노가 끝난 뒤 브라질과 벨기에를 서로 오가며 돈독한 인연을 맺었고, 다시 비아 델 라 플라타를 걷는 것이다. 그들은 피아가 한국에 갔었는지, 내가 피아의 집을 방문했는지를 물었다. 피아가 한국은 너무 멀다고 하니까 "친구가 있는 곳을 멀다고 생각해서 안 가면 쓰나"라고 타이른다. IBM에서 근무하다 은퇴했다는 살키스 아저씨는 영어를 잘했고 이탈리아어와 스페인어도 어느 정도 한다고 한다. 세계 여행을 즐기려면 내게도 스페인어를 좀더 배워보라고 한다. 그럼 이탈리아어도 쉽게 배울 수 있다는 것이다.

"킴! 우리의 남은 여정도 많으니, 제대로 친구가 되어 킴이 브라질 우리 집에도 오고 나도 한국에 가봐야지? 하하하."

단체사진을 각자의 카메라로 담을 때다. 알베르게 주인장, 셔터를 누를 때 하시는 한 마디. "여긴 스페인! 그러니까 치즈, 스마일, 위스키가 아니라 파타타감자입니다. 자 그럼, 파타~타~"

일곱 명의 기사(?)가 나타나 나만을 위한 서부영화의 한 장면을 연출했다.

사랑하는 딸들에게 띄우는 엄마의 편지

사랑하는 딸들아.

너희는 나의 사랑하는 딸이자 멘토이고 베스트 프렌드지. 그리고 내 희망사항으로는 '든든한 보험'도 되어주었으면 좋겠다. 하하하~!

자, 오늘은 그림엽서가 아니라 모처럼 글로 사연을 띄운다.

지금 나의 상태는 피곤하여 지친 몸이지만, 마음만은 상쾌하고 유쾌하단다. 난 말이지, 너희 둘이 모두 뉴욕으로 떠난 후 서울의 아늑하고 편안하며 화려한 불빛 아래서 늘 고독했어. 그리고 몸이 마치 벌레처럼 쪼그라든 채로, 그저 딱 정해진 동선만을 왔다갔다 하면서 사는 느낌이었어.

그리고 내 가슴을 깊이 도려낸 상처는 자꾸만 도져서, 자정이 넘은 거리로 미친 듯이 뛰쳐나가게 하곤 했지. 그런 나 자신으로부터 벗어나지 못하는 것이 죽고 싶을 만큼 괴로웠지.

그런데, 참 이상하지? 난 이 낯선 곳, 낯선 얼굴, 불편한 잠자리에서 자유를 느낀단다. 몸은 천근만근 무거워도, 내 기분만큼은 깃털보다 더 가볍고 상쾌할 때가 많지. 지친 몸이 괴로움에 아우성치던 맘을 치유하는 일, 이건 정말 대단히 기분 좋은 경험이야.

넌 내게 말했지. 서울에서 들려오는 엄마의 목소리와 낯선 곳을 배회할 때 들려오는 엄마의 목소리가 다르다고. 서울에서의 목소리보다 낯선 여행지에서의 목소리가 더 듣기 편하다고. 나야 내 목소리가 어떻게 다르게 들리는지 모르지만, 낯선 세상 속을 걸을 땐 난 틀림없이 행복을 느껴. 내게서 날개가 돋아나오는 느낌도 들고 말야. 온전히 나만의 세상 같은 느낌이 들기도 하고, 혼자 있어도 외롭지 않고 말이지. 아마 그래

"내 옆으로 피아랑 옥스포드 수 여왕님이야."

서 다르지 않을까?

수정아! 희정아! 어쩌면 내 인생에서 아내란 자린 없어질지도 모르지만, 변하지 않을 게 있다면 그건 바로 엄마의 자리이지. 난 잘 자라준 너희들의 엄마란 게 좋다. 내가 이렇게 홀가분하게 낯선 세상 속으로 걸어들어갈 수 있는 것은 든든한 너희들이 있기 때문이야. 내가 두려움 없이 가방을 쌀 수 있는 힘 또한 나를 육체적·경제적 양육으로부터 벗어날 수 있게 해준 너희들로부터 비롯된단다.

오늘은 코르크나무 숲을 지나 대산맥의 능선을 따라 하루 종일 걸었지. 한낮의 태양이 정수리 위에서 이글댈 때, 태양과 내 머리 사이의 허공을 어지러이 맴돌던 까마귀들이 위협적이던 계곡을 걷고 또 걸어, 이 작은 산골마을에 도착했다. 어김없이 우리를 반기는 작은 바, 수수한 차림새의 산골아줌마가 내려준 맛있는 커피를 마시며 너희들 생각에 긴 편지를 써본다.

아낌없는 격려를 보내주어서 고마워.

언제나 내 가슴에 품고 있는 나의 딸, 수정아! 희정아! 사랑해.

칼사다 데 베하르 → 푸엔테로블레 데 살바티에라

Calzada de Béjar → Fuenterroble de Salvatierra

뻐꾹! 택시! 뻐꾹! 택시!

칼사다 골목길에서는 가로등 불빛으로 족했는데, 새벽의 숲길은 아직도 어두워 랜턴을 켜야 한다. 길은 젖어 있어 걸을 때마다 찰박찰박 소리가 난다. 잡목이 우거진 숲 속으로 여명이 밝아왔다. 숲 속에 번져오는 새벽의 푸르름은 고독한 빛이다. 이슬 젖은 목초지에서 한 떼의 소들이 새벽 숲을 걸어 나오는 순례자들을 호기심어린 눈빛으로 바라본다. 우린 서로 바라본다. 그러나 서로의 눈빛만 나눌 뿐, 생각은 나눌 수 없는 시선의 교환⋯.

메세타 고원지대 위로 우뚝 솟은 시에라 그레도스 산맥 정상의 눈 덮인 모습을 보며 이틀째 걷고 있다. 오늘은 바와 숙소가 있는 마을을 두 곳이나 지나기에 따로 간식준비를 안 했다. 첫 번째 마을에 도착했을 때 너무 일러서인지 문을 열지 않았다. 앗, 그런데 두 번째 마을의 바도 문이 닫혀 있다. 허기의 포로가 된 우리는 주린 배와 빈 배낭을 원망하며 마을 끄트머리에 털썩 주저앉았다. 모녀가 소를 몰고 가축용 우물로 데려가고, 아저씨 한 분은 에스트레마두라에서 본 이베리코 돼지와는 달리 크고 뚱뚱한 돼지들을 몰고 갔다.

소를 몰던 아줌마가 사진만 찍지 말고 맛있는 것도 먹고 가라고 한다. 엥? "어디서 맛있는 걸 먹나요? 우린 바와 슈퍼가 문을 닫아 아무것도 먹지 못하고 있는데!" 클라우스가 눈을 반짝이며 대꾸를 했다. "슈퍼가 아직 문을 안 열었나요?" 아줌마는 대뜸 딸에게 소를 맡기고 급한 걸음으로 앞장서 슈퍼로 갔다. 아줌마가 슈퍼의 뒷문으로 들어간 뒤 얼마 되지 않아 문이 열렸다. 그라시아스! 그라시아스! 덕분에 민생고를 해결했다.

메세타 이전의 농장들은 컸다 하면 산 하나 정도는 거뜬하고, 끝없는 들판의 지평선을 품고 있기 일쑤였다. 그런데 이 마을은 가구당 기껏해야 대여섯 마리의 가축을 키우는 농가들뿐이다. 그러니까 말을 탄 할아버지가 느긋하게 소를 몰고 우리 뒤를 따라오는 그런 풍경이 어울리는 마을인 것이다.

굽이굽이 언덕을 꾸준히 힘겹게 올라가는데 언제부턴지 뻐꾸기 소리가 따라온다. 뻐꾸기 소리는 언제 들어도 정겹지만, 힘이 드니 "뻐꾹! 뻐꾹!" 소리마저 "택시! 택시!"로 들린다. 아르코 갈 때 택시 타고 가던 그 즐거움이 이제는 환청까지 들리게 한다. 뻐꾹! 택시! 뻐꾹! 택시!

오늘도 우리 일행이 알베르게 도착 일등이다. 친절한 오스피탈레로가 알베르게 구석구석을 안내하며, 이곳은 자신의 박물관이나 다름없으니 꼼꼼히 둘러보면 재밌을 거라고 권한다. 그는 축사로 데려가 멋진 말들도 보여주었다. 알베르게 한곳에 마구들이 잔뜩 쌓여 있더니,

산타 마리아 라 블랑카 교회의 예수와 제자상들. 매년 부활절이 되면 동네사람들에 의해
동네 한 바퀴를 도는 행사를 치른다.

오호~! 현관 안쪽에 집을 지어둔 제비는 분주하게 드나든다. 이 알베르게는 비아 델 라 플라타 중에서도 손꼽히는 최고 알베르게 중 하나다.

가까운 곳에 있는 이글레시아 산타 마리아 라 블랑카는 특이한 교회다. 교회의 입구에는 아직도 CXLIV[144]라는 로마숫자가 생생하게 남아 있는 마일스톤이 있다. 로마가도의 시공법, 이정표를 읽고 있는 로마군인, 로마군이 마차에 짐을 싣고 가는 장면들, 로마군의 다양한 샌들 모습을 담은 그림, 그리고 한니발이 왕자 신분으로 이곳을 다녀간 이야기가 그려진 안내판도 서 있다.

교회 내부의 바닥은 무덤이다. 무덤마다 번호가 매겨져 있다. 교회 제단에는 나무를 깎아 사람 실물 크기로 만든 예수의 제자들이 나란히 서 있고, 제단 벽면에는 나무로 만든 예수상이 걸려 있다. 벌거벗은 모습으로 아랫 부분은 날아가는 천으로 감싸고 오른손은 옆으로 펼치고 왼손은 하늘로 향한 자세다. 승천하는 모습 같다. 그 아래엔 작은 크기의 나무 십자가에 매달린 예수상이 또 있다. 매우 특이한 교회제단의 모습이다. 이 제단에 배열된 제자상들은 매년 세마나 산타Semana Santa, 부활절 주간 때 동네사람들에 의해 동네 한 바퀴를 도는 프로세션procession을 펼친다고.

푸엔테로블레 데 살바티에라 → 모리예(33km)

Fuenterroble de Salvatierra → Morille

피아와 한스 사이

오늘도 북두칠성을 따라 걷는다. 어두운 새벽길, 칼로 베인 통증 같은 고독을 견디며 걷고 있다. 잊어야 하는 악몽 같은 기억이 밤새 꿈속에서 재연되었기 때문이다. 그 악몽의 기억을 떨쳐내지 못하는 나 자신에게 화가 치민다. 용서! 용서의 어원은 잘못한 모든 기억을 잊어버리는 것이다. 난 왜 이리 용서가 되지 않을까. 푸르른 새벽빛 속에 내 어두운 마음의 정체가 고스란히 드러나는 듯해, 서늘한 눈물이 마구 솟는다.

이제 곧 검붉은 태양이 메세타 고원을 가득 비추며 떠오를 것이다. 힘찬 태양빛이 어두운 잡목 숲을 비추며 고독한 새벽빛을 몰아내면 내 눈물이 마를까? 길고도 긴 메세타 길. 곧게 뻗은 길을 끊임없이 야트막하게 오르락내리락하며 걷는 길이다. 작은 오르막의 정점, 양치기 오두막에서 일행이 쉬고 있다. 오늘따라 말이 없는 내게 다들 발등이 많이 아프냐며 염려스러워한다.

오늘의 목적지는 30km 거리에 있는 산 페드로 데 로사도스다. 드문드문 표시된 화살표대로 잘 따라왔는데, 예상했던 도착시간보다 훨씬 빠르게 한 마을에 다다랐다. 원래 목적지인 산 페드로에서 제법 벗어난 곳에 있는 마을이다. 브라질 일행 셋도 그 마을에 도착해 맥주를 마시고 있었다. 바의 주인은 우리가 이미 산 페드로 길에서 멀어졌고, 그곳으로 가기보다는 4km 떨어진 모리예로 가는 것이 더 가까울 것이라고 일러준다. 그곳에 작은 알베르게가 있다는 정보까지 곁들여서.

잠시 쉬다가 모리예 쪽으로 길을 나섰다. 태양은 본격적으로 이글댄다. 모리예로 가는 길 역시 화살표가 드물지만 찾아갈 수 있을 정도는 된다. 모리예 마을 전에 작은 마을을 지나는데 그곳에 멋진 바가 있었다. 벽면을 열쇠와 농기구 등으로 장식한 작은 바다. 바의 한쪽에 스키 장비가 있어 클라우스가 어디서 타는지를 물으니 겨울에 눈이 내리면 가까운 들판과 산에서 탄다고 한다. 역시 고원지대답다.

"징고 클라라!" 어랏, 다섯 잔? 피아가 한스가 권한 클라라를 마시기 시작했다. 내가 맛있다고 권해도 마시지 않던 피아가 바바리안 친구를 사귀기 시작하면서 맥주를 입에 대기 시작한 것이다. 물론 한스에게 클라라는 맥주가 아니라 그냥 음료수지만. 내가 점점 클라라에 빠지듯, 피아도 점점 한스에게 빠지고 있다. 피아와 한스의 친밀함이 러브모드로 전환되어가고 있음을 하이너호와 클라우스도 안다. 피아와 한스가 서로를 찾으며 부르는 소리를 흉내 내며 웃기도 한다. "하아안스!" "삐히야!"

피아는 20년 전에 이혼했고 이혼한 남편은 오래전에 세상을 떠났다. 지금은 막내딸 빅토리아와 산다. 한스는 4년 전에 아내와 사별하

길을 잃은 바람에 얼떨결에 찾아간 마을 모리예. 이글대던 태양이 금세 먹장구름 속으로 자취를
감추는 날씨의 변화가 메세타 고원지대에 올라왔음을 실감케 한다.

고 홀로 된 처지다. 늦게 낳은 딸 하나가 있는데, 바르셀로나에서 공부하고 있다. 카미노에서 만난 이들이 처음엔 서로 질색으로 싫어하다가 이제는 24시간을 딱 붙어 지내며 서로를 알아가는 중이다. 서로 코드를 맞추는 중이랄까? 처음엔 그저 카미노를 함께하는 사람, 그다음엔 개성이 달라 서로 멀리하고 싶은 일행, 그러다 조율이 잘 되어 좀더 가까워진 일행이 되어 정답게 걷는 친구가 되었다. 친구 다음은? 당연히 한 사람의 여자와 한 사람의 남자 사이 관계로 조율되어가는 것. 피아와 한스를 바라보는 내 마음은 흡족하면서도 한편으론 답답하고 미안하기도 하다. 둘 사이가 새로운 단계로 전환할 때마다 내가 스위치 역할을 맡았기 때문일까.

모리예는 작지만 예쁜 마을이다. 세 개의 이층침대가 놓여 있는 아주 작은 알베르게도 마을처럼 깔끔하다. 우리 뒤에 혹 브라질 일행이 도착하면 어떡하나 싶었는데, 다행히 오늘 밤 이곳을 지나는 순례자는 아무도 없었다. 오늘밤 알베르게는 우리 팀 전용인 것. 우리의 우정이 날마다 다져지듯, 피아와 한스의 로맨스도 싸목싸목 핑크빛을 더해간다.

모리예 → 살라망카 (20km)

Morille → Salamanca

한스, 오늘 왜 저래?

다른 때보다 한 시간가량 늦게 길을 나섰다. 일출시간이 훨씬 지났지만 안개 내린 들판은 여전히 어둑신하다. 낮게 내려앉은 하늘은 일렁이는 물결처럼 흔들리는 밀밭 위로 바싹 내려와 금세라도 비를 뿌릴 낌새다. 이미 안개비 속을 걷고 있다고 해도 좋을 정도다. 훌쩍 앞서간 한스는 벌써 그 안개 속으로 홀연 사라졌고, 클라우스와 하이너호도 가물가물 멀리 보인다. 피아가 앞서고 난 뚝 떨어져 그녀를 뒤따른다.

우리는 통과할 마을의 독일식 바에서 맛난 아침을 먹고 가기로 했었다. 피아와 난 그 희망으로 저 멀리 보이는 마을이 시야에 들어오자 바를 외치며 즐거워했는데, 이게 웬일인가? 앞선 남정네들이 그냥 마을을 지나치는 게 아닌가?

우린 절규에 가까운 소리를 질러 그들을 돌려세우려 했지만, 못 들었니? 아님 못 들은 척한 거니? 그들은 계속 걷기만 했다. 바가 있는 마을길 입구에서 피아에게 바에 들러 아침을 먹고 가자고 했다. 피아는 망설인다. 한스를 따라가고 싶은 것이다. 결국 피아는 그냥 가자고 한다. 이런, 망했다. 나 혼자 먹고 갈 수는 없지 않은가.

"한스가 오늘은 젠틀맨이 아니야." 피아가 연신 투덜거린다.

안개비와 가랑비가 오락가락 번갈아드는 가운데 길게 이어지던 밀밭이 끝날 무렵 살라망카가 한눈에 보이는 언덕에 올랐다. 노란 철십자가가 세워진 그곳에서는 살라망카 대성당의 첨탑이 뿌연 하늘에 어렴풋이 보였다. 먼저 그곳에 도착해 있던 한스가 이제 막 도착하는 우리를 외면하고 한마디 말도 없이 먼저 배낭을 메고 출발했다. 머쓱해진 하이너호와 클라우스도 일어났고, 툴툴대던 피아도 쉬지 않고 그들 뒤를 따라 가니, 나도 쉴 엄두를 낼 수가 없다. 날씨 탓인가? 한스가 왜 저리 저기압일까?

살라망카는 이렇게 거의 논스톱으로 정확히 네 시간 만에 도착했다.

대성당 앞까진 잘 들어왔는데, 거기서 피아가 조개 표시 위의 'A' 마크 알베르게 약자를 무시하고 한바탕 빙빙 도는 바람에 성당 바로 뒤의 알베르게를 찾는 데 한참이 걸렸다.

'12시에 문 엽니다'라는 알림판이 걸린 알베르게 입구에서 배낭을 벗어놓고 기다리다 미국에서 온 순례자 둘을 만났다. 자매 사이인 이들은 텍사스와 뉴멕시코에서 왔다. 두 자매는 한스보다 키도 크고 체격도 좋았다. 이들은 프랑세스 길을 걷다가 하도 사람이 많아 버스 타고 이곳으로 도망을 왔다고 한다. 도망? 사람들이 너무 많아 시끄럽고 북적이는데다, 숙소 잡기도 어렵고 샤워도 찬물로 해야 하는 등 힘들었다는 것. 무엇보다 '빨리 가서 침대를 차지해야지'라는 조급증에 쫓기다 보니 마음의 여유가 사라져버렸다는 것. 그래서 도망을 왔다는 거다. 언니는 프랑세스 길을 두 번이나 걸었고 알베르게 자원봉사도 한 경험자다. 이 자매들과 만나 영어로 시원하게 말을 하니 나는 즐거웠지만, 피아의 표정은 한스로 인해 어둡다.

우린 살라망카에서 이틀을 머문다. 대부분 이곳에서 이틀을 쉬고 산티아고로 가든지 아님 고향으로 돌아간다. 앙드레와 탕퀴, 옥스포드 여왕님과 스위스 근위병은 이곳에서 집으로 간다. 어제 길이 어긋난 바람에 출발부터 같이한 친구들이 모두 흩어졌다. 그렇지만 도시산책을 하다 보면 다 만날 것이다. 피아는 오스피탈레로에게 우리가 이틀 머물러도 될지 물었다. 그는 허락을 하며 다른 순례자들에게는 말하지 말라고 당부했다. 모두에게 이틀을 허락한다면 내일 찾아오는 순례자는 일찍 도착해도 알베르게에 묵지 못할 것이고 그럼 불만의 화살이 그에게 쏟아질 것이기 때문이다.

이곳 알베르게의 시설은 매우 훌륭하다. 게다가 대성당 바로 뒤라 도심을 돌아다니기도 편하다. 한스 일행이 배낭을 메고 알베르게로 왔다. 한스가 돌아온 것과 동시에 피아의 얼굴이 활짝 펴진다. 그런데 그들은 침대를 배정받아 짐을 풀어놓은 뒤 다시 나가 한참 뒤에 돌아와서는 오스탈로 간다며 배낭을 메고 갔다. 아, 오늘 독일 아저씨들 심사를 당최 종잡을 수가 없다. 피아 얼굴, 다시 어두워진다.

지구촌 알베르게 하나 추가요~!

알베르게의 샤워장에서 피아에게 염색을 해주었다. 그녀는 이탈리아에서부터 염색 세트를 들고 왔는데 그녀의 부탁으로 처음 남의 머리를 염색했다. 짧은 머리에 새로 돋은 하얀색 부분만 하면 되었다.

알베르게에서 잠시 쉬다가 성당 옆문을 이용해 앞뜰로 나갔다. 간간이 비추는 햇살이 따뜻해서 좋다. 아니나 다를까. 걷고 있자니 헤어진 일행이 하나둘 보이기 시작했다. 네덜란드 딕 부부를 만났다. 그들도 길을 잃었단다. 우리는 모리예에서 잠을 잤지만 그들은 바에서 택시를 불러 살라망카로 왔다. 그래서 오늘이 살라망카에서 이틀째라는 것. 도대체 어떻게 하다 길을 잃었는지 그들도 모르겠다고 한다. 화살표 따라 어긋나지 않고 걸었음에도 우리처럼 엉뚱한 곳에 도착했다는 것이다.

오스탈로 짐을 옮긴 한스 일행도 만났다. 우린 바의 파라솔 밑에 앉아 샌드위치와 커피로 식사를 하며 휴식을 취했다. 떠나는 딕 부부와 주소를 교환하고 사진을 찍었다. 그들은 내년에 살라망카에서 시작하여 오렌세를 거쳐 산티아고로 갈 예정이다. 이렇게 살라망카에서 끝나

살라망카 대학가의 골목길.

고 또 시작하는 이들이 많다. 우리와 함께 걸었던 친구 열네 명 중 일곱은 산티아고로 가고 나머지는 이곳에서 집으로 간다. 좁은 골목길을 오가는 이가 많은 가운데 자전거순례자들이 무리를 지어 지나간다. 그들도 한눈에 우리가 도보여행자란 것을 알아본다. "올라!" 짧은 순간 우린 서로 그렇게 목청 높여 외치며 인사를 나누었다.

　이리저리 일행과 돌아다니다 알베르게로 오니 한 순례자가 내게 크레덴셜을 내민다. 어머나! 내 것이다. 잃어버린 줄도 모르고 돌아다녔다. 그렇게 열심히 소지품을 챙기느라 부산을 떨었는데, 얼굴이 후끈거린다. 아까 알베르게에서 잠시 쉬면서 살라망카 이후의 플라타 길 마을들이 그려진 크레덴셜을 샀더랬다. 그때 새것만 챙기고 그간 받은 세요들로 꽉 채워진 옛것을 깜박 놔두고 온 모양이다. 휴~ 가슴을 쓸 어내렸다.

여행자들은 소지품을 자주 잃어버린다. 그래도 크레덴셜은 중요 품 목이어서, 패스포트랑 가슴에 꼭 챙기고 다닌다. 사실 난 스트레스 받 을 정도로 챙기는 편이다. 덕분에 분실물은 없다. 이번에 크레덴셜을 잃었으면 나로서는 완전 대형사고가 될 뻔했다.

저녁 무렵 브라질 아저씨가 슈퍼맨 흉내를 내며 벨기에 커플과 함께 알베르게에 들어섰다. 유쾌한 사람들이다. 이들은 걷는 걸음은 빠르지 만 길에서 푹 쉬기도 하고 바를 즐기며 현지인과 수다도 즐기면서 길 을 걷는지라 늘 마지막으로 도착한다. 이들도 우리처럼 길을 잃고 들 어선 마을에서 민박을 하고 출발했단다. 벨기에 아줌마가 혀를 내밀 고 헐떡거리며 들어서더니 소리친다. "걷기 끝~!" 이분은 이곳에서 카 미노를 끝내고 귀국한다. 남편과 브라질 아저씨는 산티아고까지 가고. 벨기에 아줌마는 손자 자랑을 하는 귀엽고 젊은 할머니다.

"킴! 우리 집에 꼭 놀러 와요. 넓은 알베르게니까 친구랑 같이 와도 좋아요."

아하! 세계시민 김효선, 유럽지구에 알베르게 하나 추가요!

세마나 산타는 예수가 처형당하고 부활하기 전까지의 시련을 고스란히 되살려내는 고난주간 행사다.
두건을 쓰고 맨발로 걸으며 고행을 체험하는데 이는 인기 있는 관광상품이다.

살라망카 체류

Salamanca

여기는 딱 중간! 떠나보내고, 다시 만나고~

플라타 길의 긴 여정 중에서 살라망카는 딱 중간이다. 여기서 산티아고로 출발하는 이들이나 여기까지만 걷고 다음을 기약하는 이들이나 모두 이 도시에서 이틀 정도씩은 머문다. 그래서 떠들썩하기도 하거니와, 그만큼 볼거리도 많은 도시다.

로마네스크, 고딕, 이슬람, 르네상스, 바로크, 2002년 '유럽문화도시'로 지정된 살라망카는 건축스타일의 전시장처럼 화려하고 콧대 높다. 이곳에는 등을 맞대고 있는 대성당이 둘 있다. 옛것은 12세기 로마네스크 양식이고, 새것은 16~18세기에 걸쳐 완성된 고딕 양식이다. 저 유명한 카탈로니아 건축가 가우디의 창의력은 이런 데서 나온 게 아닐까 싶을 정도로 많은 장식이 대성당 벽면에 죽순처럼 솟아 있었는데, 어휴, 내가 보기엔 그저 과유불급이란 생각만 나더라. 아무튼 이러한 역사적인 건축물들 덕분에 1984년 도시 전체가 세계문화유산으로 지정되었다.

살라망카의 역사는 기원전 220년 카르타고의 장군 한니발이 이곳을 점령했을 때로부터 비롯된다. 그는 기사도 정신에 따라 부녀자들은 살려주었다. 그러나 부녀자들은 남편과 아들자식들을 한니발 군대의 위험에서 구하기 위해 몰래 숨겨 탈출시켰다. 한니발은 이 부녀자들의 용기와 책략에 탄복해 마을 주민 모두를 해하지 말도록 명령하고 이곳을 떠났다. 한니발이 떠난 후, 제2차 포에니 전쟁의 승리국인 로마제국이 기원전 203년경 이곳을 점령한다. 로마제국 시절에 북쪽의 아스토르가 광산지대에서 남쪽 메리다까지 이어지는 로마가도가 만들어졌고 이것이 오늘날 플라타 길의 시발점을 이룬다. 로마 멸망 후 5세기에는 잠시 서고트족에게, 8세기 715년에는 무어인에게 점령되었다가, 다시 12세기 초 레온 왕 알폰소 6세에 의해 재탈환되는 등 스페인 역사의 온갖 굴곡을 지켜본 곳이 이곳 살라망카다. 한창 전쟁의 광풍이 이곳을 휩쓸던 때는 이곳에 남자가 없을 정도였다고 한다.

오늘날 살라망카는 대학도시로 유명하다. 알폰소 10세가 13세기에 대학을 세운 이래 옥스포드, 파리, 볼로냐와 함께 유럽의 대학도시로 널리 알려지게 되었고, 유럽에서도 손꼽히는 학술과 문화의 중심지로 번영하였다. 15~16세기에 이르면 25개의 대학에서 1만여 명이 수학했다. 그러나 다시 19세기 프랑스 나폴레옹 군대의 침입으로 전화에 휩싸였고, 스페인 내전 중에는 반란파의 거점이 되기도 했으니, 실로 '파란만장'이란 형용사가 어울리는 도시다.

안녕, 여왕님

나는 살라망카에서 조개의 집Casa de las Conchas에 매료되었다. 벽면 가득 성자 산티아고의 상징인 조개가 박혀 있는 이 집은, 16세기 당시의 슈퍼파워였던 산티아고 기사단(지금도 이 기사단은 명맥을 유지하여 스페인 왕가에 소속되어 있다.)의 기사 로드리고 말도나도에 의해 지어진 건물이다. 지금은 공공도서관으로 쓰여 자유롭게 드나들 수 있다. 그밖에도 살라망카 대학 건물을 비롯해 살라망카의 잘 보존된 유적과 바를 돌아다니노라면 살라망카에서는 하루가 짧다.

마요르 광장에서 옥스포드 여왕님과 근위병을 만났다. 인사도 못하고 헤어졌나 싶어 서운했는데, 이렇게 반가울 수가! 이들도 산 페드로 가는 길에서 길을 잃었다고 한다. 브라질 일행과 같은 마을에서 묵고 출발해 오스탈에 여장을 풀었다고. 주소와 전화번호를 적어주며 여왕님께서 한 마디 하신다. "킴! 적어도 한 번은 날 찾아와야 되지 않겠어? 내가 목주름 수술을 했는지도 볼 겸 꼭 오라고!"

윙크와 더불어 날 꼭 안아주는 여왕님. 내가 아는 카미노의 여왕님들 가운데 제일 유쾌하고 활기 넘치는 여왕님이시다. 아들보다 겨우한 살 많은 훤칠한 훈남 베르나르와 늘 함께 다니던 다정한 모습, 이따금 식사자리에서 두 사람이 연출하던 사랑스런 애정 표현의 장면들, 여유로우면서도 다부지게 걷던 그녀의 걸음걸이, 그 모든 게 무척 그리울 것임을 나는 잘 안다. 아무도 수와 베르나르의 관계를 묻진 않았지만, 둘은 틀림없이 연인이다. 수 여왕님의 반짝이는 생기는 사랑으로 충만한 그녀의 삶에서 자연스레 뿜어져 나오는 것이다. 듬직한 젊은 연인을 대동하고 카미노를 걷는 '길의 여왕' 수, 어쩌면 그녀는 억만장자 영국 여왕보다 더 행복한지도 모른다.

피아가 책방에서 스페인어 가이드북을 샀다. 그녀가 이탈리아에서 들고 와 내내 신봉하듯 따라온 일정표 자료가 이곳 살라망카에서 끝난 것이다. 그녀가 참고했던 이탈리아 웹사이트 운영자도 올해 살라망카에서 시작해 산티아고로 간다. 그가 여행을 마치고 돌아가면 살라망카 이후의 일정표가 그의 웹사이트에 업데이트될 것이다. 피아는 여행 전에 이 사람과 자주 연락을 했다. 살라망카 도착 전에 피아는 어쩌면 그를 살라망카에서 만날 수 있을 것이라고 했다. 우리와 이탈리아에서 오는 그의 살라망카 도착일이 거의 비슷한 때이기 때문이다. 그러나 살라망카 알베르게의 방명록 기록을 보니 그는 어제 살라망카를 떠났다. 피아는 몹시 아쉬워했다.

새로 출발하는 순례자들 네 명, 그리말도에서 만났던 두 아들과 함께 길을 걷는 독일 할아버지, 갈리스테오에서 만났던 독일 모녀와 함부르크 젠틀맨, 그보다 더 북쪽의 작은 마을에서 오셨다는 독일 아저씨 등이 우리보다 하루 늦게 알베르게에 도착했다. 새로 출발하는 일행 중에는 필리핀 여자와 독일 남자 부부가 있는데, 부인이 상당히 미인이다. 까만 얼굴에 환하게 웃어주는 미소가 매력만점인 미스 필리핀 같은 아줌마다.

오늘쯤 혹 앙드레와 탕퀴, 다니엘 부부를 만날 수 있을까 기대하며 살라망카 거리를 거닐었지만, 아쉬워라, 그들을 못 본 채 살라망카를 떠나게 되다니.

벽면 가득 조개가 박혀 있는 집은 16세기 산티아고 기사단의 로드리고 말도나도에 지어진 건물이다.
지금은 공공도서관으로 자유롭게 드나들 수 있다.

Day 23~26

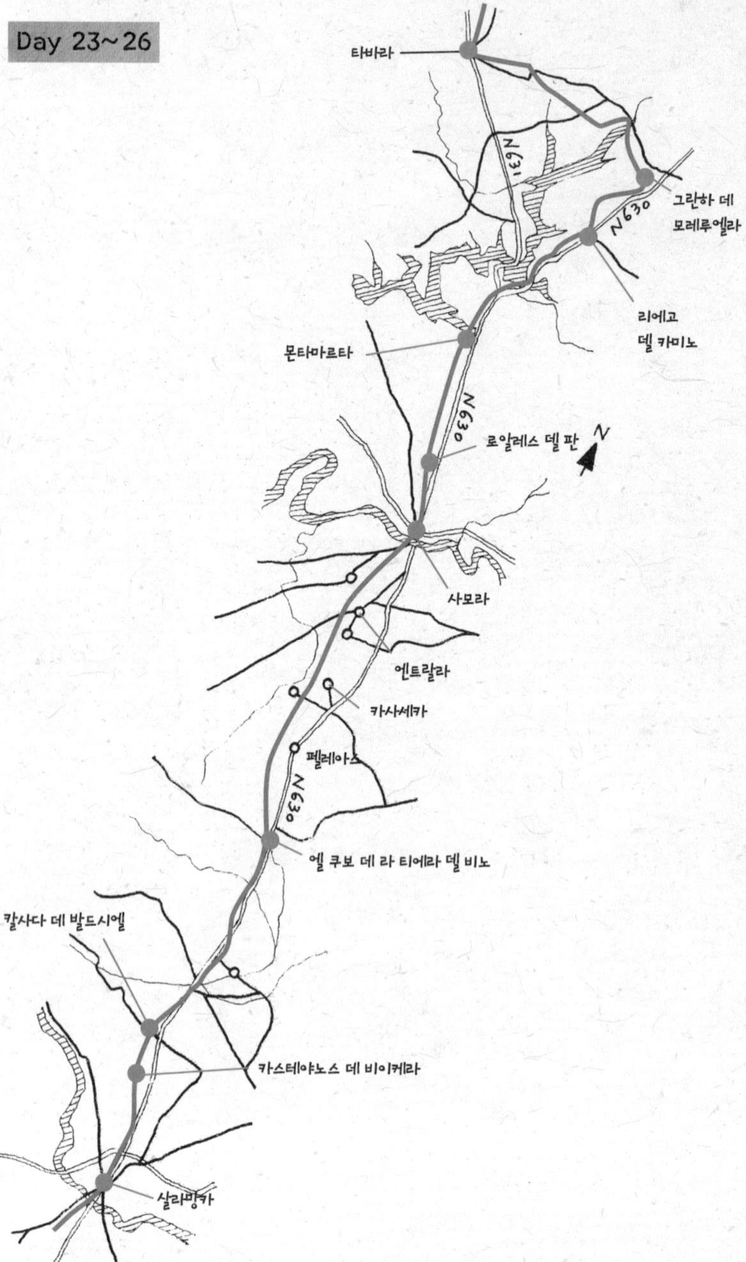

타바라

N631

그란하 데
모레루엘라

N630

리에고
델 카미노

몬타마르타

N630

로알레스 델 판

N

사모라

엔트랄라

카사세카

펠레아스

N630

엘 쿠보 데 라 티에라 델 비노

칼사다 데 발드시엘

카스테야노스 데 비이케라

살라망카

Day 23

살라망카 → 사모라

Salamanca → Zamora

드디어 폭발하다

아침에 눈을 뜨니 비가 내린다. 그것도 장대비다. 그래도 한스 일행과 약속한 시간에 맞추기 위해 서둘러 길을 나섰다. 부실한 판초와 우산을 쓰고 새벽길을 걸었다. 분주하던 도시의 골목길은 새벽 빗속에서 조용하게 가라앉아 있다. 비에 젖어 더욱 아름다운 오렌지빛 가로등을 따라가지만 마음은 벌써 잔뜩 불안하다. 빗속을 걸어 35km 떨어진 오늘의 목적지 엘쿠보까지 과연 갈 수 있겠는가. 나 혼자라면 아무 미련 없이 버스를 타고 가겠지만, 막강 독일병정과 로마보병의 후손들이 어찌 생각하실지? 이놈의 의리 때문에…. 어둠 속에서 판초를 뒤집어쓴 한스와 하이너호, 클라우스가 우리를 기다리고 있다.

"헤이! 피아! 킴! 비가 너무 와서 못 걷겠는걸. 오늘 걷는 길은 비가 오면 엉망진창 진흙길 코스거든. 버스로 이동하는 게 좋겠는데, 어때, 괜찮겠지?" 뭐하니, 피아. 왜 머뭇거려. 그새 내가 대답해버렸다. "오케이! 난 찬성! 기다렸던 말이야." "피아, 이번 코스도 물 건너는 일이 많을걸. 그러니 버스로 가자." "오늘 하루 종일 비가 내린다고 했어." "이것 봐, 폭우네 폭우." 나는 독일보병들과 완벽하게 장단을 맞춰 머뭇대는 피아를 협공했다. 마지못해 말없이 버스정류장으로 가는 피아의 표정은 꼭 비 내리는 소풍날을 맞은 꼬마처럼 뾰루퉁하다.

버스를 타고 가는 길. 비는 그칠 줄 모르고 더 거세게 퍼붓는다. 창밖으로 눈부신 백발의 프랑스 할아버지께서 강행군 중인 모습이 보여 송구스러웠지만 한편으론 다행이다 싶다. 이미 엉망진창이 된 길을 내다보는 피아의 표정도 한결 밝아졌다.

그제야 어제 한스와 헤어진 후에 일어난 일들을 봇물 터지듯 쏟아내기 시작한다. 이럴 땐 어린 소녀 같은 피아다. 사모라에는 9시에 도착했다. 비 내리는 거리를 걸어 구도심으로 갔다. 이른 시간이라 인포메이션 센터도 문을 열지 않았다. 그 근처의 바에 들러 시간도 보낼 겸 아침을 먹으며 비를 피했다. 독일 친구들은 절인 생선과 빵으로 아침식사를 했다. 피아는 또 '인 이탈리아'를 들먹이다 하이너호에게 지청구를 먹는다. 클라우스의 얼굴에도 기분 상한 기색이 역력하다.

'인 이탈리아' 타령을 부를 때의 피아는 단순 비교가 아니라 상대를 마치 야만인 취급하듯 말을 한다. 그러니 상대의 심기를 건드릴 수밖에. 이제 내 마음속에 담아두었던 충고를 건넬 때인 것 같다. 천천히 그녀가 잘 알아들을 수 있도록 조곤조곤 설명을 했다.

"피아! 이제 그 '인 이탈리아' 소리는 그만했으면 좋겠어. 나도, 저 독일 남자들도, 그리고 이곳 스페인 사람들도 우리 나름의 문화를 피아 못지않게 자랑스럽게 생각해. 그러나 다른 사람의 문화와 생활습관을 무시하거나 경멸하지는 않아. 다른 걸 그저 조용히 바라보지. 우린 이곳 스페인에 각기 다른 문화를 보고 즐기러 온 거야. 나하고 다르다고 자꾸 비교해서 말한다면, 듣는 사람 불쾌하지. 내가 카페라고 말하면 넌 내 발음을 흉내 내며 '카훼'라고 즉시 고쳐 말했지. 우리식의 발음으로 익숙해져서 내 발음이 좀 틀릴 수도 있어. 그런데 넌 내가 짜증날 정도로 그걸 트집 잡았어. 그래도 내가 기분 나쁘다고 말을 한 적이 있었나? 너의 영어 발음도 정말 형편없거든. 근데 내가 너한테 그게 우스꽝스럽다고 말한 적이 있던가? 피아! 난 네가 참 좋아. 밝고 친절하고 사랑스럽지. 근데 인 이탈리아, 인 이탈리아, 그러면서 자기 것만 내세우고 상대를 무턱대고 비하하는 것은 정말 싫어."

조용히 내 말을 듣고 있던 피아는 내 말이 끝나자 짧게 "오케이"라고 말하고선 자리에서 일어섰다. 사실 그녀의 오케이가 어떻게 받아들여진 오케이인지는 모르겠다. 독일 남자들은 얘기를 나누던 우리들을 조용히 바라보더니, 생선을 더 시켜 먹었다. "여기 클라라 큰 것으로 세 잔이오!" 하이너호의 콧구멍이 더 커졌다. 속이 시원하니, 하이너호?

사모라, 영웅들의 도시

사모라는 폭넓은 두에로 강가에 자리 잡은 작은 도시로, 포르투갈과 매우 가깝다. 두에로 강은 포르투갈과의 국경선이자 훌륭한 방어선을 이루며 흐른다. 물론 도시성곽을 둘러쌓아 난공불락의 요새로도 이름 높았다. 939년 코르도바의 8대 칼리프인 압둘라하만 3세는 이곳을 점령하기 위해 4만의 군사를 잃었을 정도다. 알만수르에 의해 985년 정복당했지만 오래가지는 못했다. 1065년 페르난도 1세에 의해 도시

비에 젖은 새벽길이 아름답다고? 순례자들은 불안하다.
오늘 이 빗속에 35km를 과연 걸을 수 있을까?

는 재건되었다. 그 후 왕족들의 후원으로 교회가 사실 좀 넘치도록 지어졌다. 12~13세기에는 24개의 로마네스크 양식의 교회가 있을 정도로 화려했기에 유럽 최고의 로마네스크 예술의 박물관이라 불렸다. 지금도 유럽에서 손꼽히는 로마네스크 교회 건물 몇몇이 남아 있다.

이곳도 살라망카처럼 로마의 정복, 또 이슬람과 그리스도교 사이의 정복과 재탈환이 거듭된 곳이라 애환이 많다. 페르난도 1세 하면 영화 「엘시드」가 떠오른다. 페르난도 1세는 그의 왕국을 다섯 자녀에게 분할해 물려주었다. 카스티야는 장자인 산초 2세에게, 레온은 둘째 알폰소 6세에게 맡기는 식이었는데, 사모라는 공주 우라카의 몫이었다. 우라카 공주가 알폰소 6세와 결탁해 산초 2세를 제거하는 등, 스페인판 '왕자의 난'이 벌어지는 와중에 국토회복운동에 몸을 바쳤던 로드리고 디에즈 데 비바르의 활약상을 그린 대서사시가 바로 「엘시드」다. 나는 영화 엘시드를 통해 스페인 사모라를 처음 알았다.

사모라의 '체 게바라'로 불리는 또 한 명의 영웅 비리아투스Viriatus는 기원전 2세기 이곳을 침략한 로마군단에게 꿋꿋이 대항한 게릴라전의 지도자다. 그러나 로마의 뇌물에 매수당한 아군에게 무참히 살해되고만 비운의 영웅이기도 하다. 비장한 결의에 찬 모습으로 빗속에 우뚝 선 영웅 앞에서 잠시 생각에 잠겼다. 비에 젖은 영웅 비리아투스의 동상 아래는, 훗날 그의 후손들이 카르타고와 이슬람과 프랑스에 차례로 정복당하고 재탈환되고 다시 내전으로 마을 곳곳에서 게릴라전이 벌어졌던 지난한 세월을 떠올리기에 얼마나 안성맞춤인가.

문화는 무릇 포용하고 어울리는 것

상냥하고 예쁜 인포메이션 센터의 아가씨는 숙소 정보와 더불어 들르면 절대 후회하지 않을 것이라며 박물관 정보도 덤으로 일러주었다. 인포메이션에서 시킨 대로 찾아간 펜션은 버스정류장에서 걸어오며 지나쳤던 곳이다. 교사인 듯한 어른이 아이에게 학교를 향해 손을 내민 동상이 있는 바로 옆이다. 늘 그렇듯 1층에 바가 있다. 함부르크 젠틀맨도 우리 펜션으로 들어왔다. 오늘 살라망카를 떠난 순례자들 대부분이 버스를 이용해 이곳 사모라로 와서 여기저기 펜션과 오스탈로 흩어진 것이다.

비가 잠시 멈춘 틈을 타 판초를 사러 나갔다. 길을 가다 봐둔 가게가 있었는데, 역시 거기 판초가 있었다. 가볍고 옷처럼 입는 것이라 마음에 들었다. 사서 바로 입고 숙소로 돌아오니 모두들 판초가 좋다고 한다. 그런데 판초를 사러 갔다던 클라우스는 빈손으로 돌아왔다. 나와 같은 가게로 갔는데 벌써 문이 닫혔다는 것. 사람이 안에서 얼쩡거리기에 판초를 사려는 뜻을 내비쳐도, 영업시간이 끝나 팔 수 없다고 냉정하게 했단다. 우리는 모두 함께 어이없어했다. 하여튼 스페인 사람들은 참 다르다.

폭우 탓에 버스로 이동한지라 시간이 넉넉해 이곳저곳 둘러보기가 좋다. 이곳 대성당의 돔은 비잔틴 양식으로 매우 독특하게 물고기 비늘처럼 기와를 얹었다. 토요일이라서일까? 대성당 문이 굳게 닫혀 있어 안으로 들어갈 수가 없다. 유일하게 입장이 허가된 곳은 인포메이션에서 강추한 박물관이다. 다른 곳과 달리 순례자에게도 아무 할인혜택이 없다. 이 세마나 산타 박물관에는 예수의 예루살렘 입성에서부터 죽음에 이르는 37단계의 과정을 소나무나 자작나무 등의 실물 크기

두에로 강가의 난공불락의 요새 사모라가 배출한 또 한 명의 역사적 인물 비리아투스.
투구를 쓴 채 손을 힘차게 내뻗은 그는 지금도 사모라를 지키고 서 있다.
비리아투스는 로마가 루시타니아에서 저지른 대학살에서 살아남아 켈트 이베리안들에게
체 게바라와 같은 지도자가 되었다.

산타 마리아 라누에바 교회 벽면에 새겨져 있는 그리스 신화의 요정.
교회와 요정의 희한한 동거가 흥미롭다.

조형물로 재현해놓았는데, 그 표현이 워낙 사실적이어서 가슴을 울린다. 푸엔테로블레의 이글레시아 교회에서 본 제자상들처럼 부활절 행진이 펼쳐질 때면 거리 행진에 나서기도 하는 이 작품들은 16세기부터 오늘날에 이르도록 꾸준히 제작된 것들이다.

신화 속의 요정 사이렌에 특별한 흥미를 가진 이라면, 게다가 이런 이방 신화와 그리스도교 교회가 결합한 모습을 보고 싶은 이라면, 산타마리아 라누에바Santa María la Nueva 교회 입구 벽면의 조각을 눈여겨 볼 만하다.(사이렌? 스타벅스 로고의 그림을 상기하시라!) 바다의 요정으로 아름다운 노래로 어부들을 홀린다는 그리스 신화의 요정이 떡 하니 교회 벽면에 새겨져 있는 희한한 동거를 목격할 것이니.

사모라 → 몬타마르타(19km)

Zamora ⟶ Montamarta

"유럽은 내 손바닥"

오늘의 코스는 짤막하다. 마침 비도 내려서 평소보다 늦은 시간에 길을 나섰다. 도시를 벗어나자 내린 비 탓에 길은 진흙 구덩이투성이다. 진흙길과 아스팔트길을 두고 우리가 잠시 고민하고 있는데, 한스가 불쑥 그 진흙길로 떠나갔다. 우린 떠밀려온 흙더미로 얼룩진 아스팔트길을 걸으며, 한스가 곧 우리와 합류될 것이라 여겼다.

아주 작은 마을에서 만난 산타 마리아 데 라인이에스타 교회는 잘 보존된 중세교회다. 교회 안으로 들어서면 허벅지에 상처를 입고 지팡이를 든 순례자 모습의 산티아고상이 우리를 반겨준다.

마을에서 식사를 하고 가길 원했지만, 어제 토요일 이 마을에서 열린 축제 때문에 하나뿐인 바가 문을 닫았다. 아쉬운 마음으로 길을 걷는데 할머니 한 분이 우리가 걷는 방향이 틀리다고 한다. 우린 마을을 벗어나는 큰길로 직진해 걷는데, 그분의 말씀은 오른쪽으로 꺾으라는 것. 오른쪽으로 꺾어져 걷다가 다시 왼쪽 방향으로 꺾고 다시 오른쪽 그리고 왼쪽, 뭐 이런 식으로 설명하다가 성에 안 차는지 아예 우리를 끌고 가셨다. 중간에 자신의 집 대문에다 들고 있던 보따리를 걸어놓고서 말이다. 우린 모두 완전 감동해서 할머니를 차례로 끌어안고 감사의 표시를 했다. 멀어져 가는 우리를 향해 손을 흔들어 주시더니 뒤돌아 뛰어가시는 할머니. 이런 가슴 뭉클한 친절 하나가 순례자의 고된 하루를 거뜬하게 한다.

몬타마르타 마을 입구의 알베르게의 위치를 알리는 안내표식을 보고 피아와 나의 이해가 달랐다. 이번에도 피아의 고집대로 동네 한 바퀴를 돌고 보니, 결국은 안내판에서 지적이었던 곳에 알베르게가 있었다. 고집센 피아가 얄미웠지만, 대놓고 투덜거리진 않았다. 덕분에 이른 새벽 마을을 떠나면서도 미처 못 봤을 마을의 면면을 제대로 볼 수 있었으니까.

그림으로 보았던 장가론 Zangarron 의 동상을 봤다. 매년 6월 첫 주말에 이 지역에서 행해지는 오래된 이교도 축제가 있는데, 화려한 옷을 입고 기괴한 형태의 탈을 쓴 인물이 마을 거리를 돌아다니며 채찍으로 지나는 마을 사람들을 때린다. 이런 행위를 하는 사람을 장가론이라고 한다. 마을의 규모나 동상의 모습을 봐서 이 마을의 장가론은 그리 화려하지는 않을 듯하다.

보라, 이 원조 순례자의 모습을!
라인이에스타 교회의 산티아고상.

위 몬타마르타 마을의 흙벽돌집. 카미노의 마을들
은 대개 깔끔하지만 이곳처럼 빈 집도 많아 보인다.

아래 멋쟁이 파리지앵 레몽 할머니. 70세부터
즐기기 시작한 카미노의 매력에 푹 빠졌다.

흙벽돌과 돌로 지은 작은 집이 많은 마을이다. 대개 사용하지 않는 집들이다. 깔끔한 마을을 한 바퀴 돌아 알베르게에 도착하니 한스가 우릴 맞아주었다. 오랜만에 만난 (카트를 끌고 가던) 마르코도 자신만의 리듬을 충실히 지키며 즐기고 있는 것 같다. 이어폰을 끼고 음악을 들으며 조용히 누워 휴식하는 마르코의 모습에서 카미노 순례자 특유의 평화로움이 풍긴다. 이런 시간, 저런 평화로움 덕분에, 후줄근한 몸에도 미소가 피어난다. 평화가 가장 힘 센 것이고, 명상이 가장 강력한 메시지를 자아내는 것인지 모른다.

우리의 길에 새로운 일행이 생겼다. 독일 부부 한 쌍과 프랑스 할머니. 76세의 할머니는 작은 체구에 기운이 하나도 없어 보이는 모습인데, 카미노의 매력에 푹 빠지신 분이다. 70세부터 카미노를 즐기기 시작한 레몽 할머니는 매년 도보여행을 몇 달씩 즐기다 집으로 간다. 그래서 스페인어를 배웠고 몇 달씩 스페인을 걷다 보니 이젠 언어도 능통해졌다. 영어도 잘하신다. 온 유럽을 돌아다니셔서 누가 어느 도시를 얘기하면 제깍 반색하신다. "아! 거기? 흐흠, 거긴 이런 것들이 있죠." 그런 식이다. 이제껏 내가 만난 프랑스인들은 대개 무뚝뚝한 편이었는데, 이번에 만난 프랑스인들은 퍽 사교적이다. 늦도록 즐거운 대화를 이끄는 멋쟁이 파리지앵 할머니, 오래 오래 사세요.

몬타마르타 → 그란하 데 모레루엘라(21km)

Montamarta → Granja de Moreruela

아디오스, 나의 추억들이여!

오늘의 목적지는 그란하 마을이다. 거기까지 가면 서쪽으로 가는 오렌세 루트와 북으로 가는 아스토르가 루트로 플라타 길이 나뉜다. 대개는 오렌세 루트를 플라타 길로 이야기한다.

날씨가 좋을 것이란 예보였지만, 그동안 내린 비 때문에 다들 아스팔트길을 택했다. 아침 시간이 훌쩍 지난 즈음, 바에서 독일 순례자를 만났다. 이 용감한 페레그리나는 살라망카에 폭우가 쏟아지던 날 무리하게 길을 나섰다고 한다. 길까지 잃어버려 엄청 고생했는데도 무리하게 길을 더 걸었더니 이제 도저히 걸을 수 없을 지경이 되었다는 것. 결국 사모라로 되돌아가 치료를 받은 뒤 집으로 돌아간다는 것이다. 그녀의 슬픈 결과는 우리 모두에게 던지는 경고장이다. "장거리 도보여행에서 만용은 금물!"

리에고 델 카미노에서 아스팔트를 벗어나 들길로 접어들었다. 약

6km 정도 길게 죽 뻗은 길이다. 양옆으론 거침없이 펼쳐진 밀밭이고, 황토바닥에 잔모래와 조약돌이 섞인 길바닥은 그다지 질편하지 않았다. 붉은 황톳길 위에 물 먹은 모래들이 햇살을 받아 눈부시게 반짝거린다. 자잘한 조약돌도 예뻐서 눈길이 자꾸 간다. 나는 여행할 때마다 그 지역에서 유난히 눈에 띄는 돌을 하나씩 주워오곤 했다. 그 돌들을 창가에 쌓아놓고 가끔 돌멩이를 하나씩 들어보며 추억하곤 한다. 지중해의 아름다운 해변을, 유럽의 숲 속과 영국의 하드리아누스 성벽을, 중동의 페트라를….

너무 곧게 뻗어 유난히 심심한 길. 작은 조약돌을 하나 집어들고 만지작거리다가 문득 떠오른 이름 하나를 돌멩이에 적었다. 내 주먹 속의 돌멩이는 어느새 그 이름의 주인공이 되어 내 추억의 창고를 자극한다. 심심하던 길이 조약돌이라는 추억 재생장치의 발견으로 인해 화사하게 피어난다.

아예 본격적인 추억 되새김 게임을 해보기로 맘먹고 내 유년시절부터 더듬었다. 그리고 집어든 돌에 나는 '그 아이'라고 썼다. 이름이 기억나지 않기 때문이다. 검은 단발머리와 톡 쏘는 눈빛만 기억 속에 또렷하다. 집 앞 골목길, 내 손에 든 과자를 빼앗으려는 그 아이에게 빼앗기지 않으려고 용을 쓰던 나. 그 아이가 손톱으로 내 얼굴을 할퀴었다. 그래서 콧등에 깊은 상처가 났고 지금까지 그 상처가 남아 있어서 가끔씩 생각나는 그 아이. 밉고 고운 기억도 없다. 단지 아주 가끔, 남아 있는 상처로 떠오르는 것이다. 그렇게 그 아이는 잠재된 기억 속의 첫 사람이 되었다. 그렇게 쓴 돌멩이를 저 멀리 밀밭으로 힘껏 던졌다. "아디오스, 그 아이!"

그란하 마을에서 카미노는 두 갈래로 나뉜다. 왼쪽은 오렌세 쪽, 오른쪽은 아스토르가 쪽.
비아 델 라 플라타는 왼쪽 길로 이어진다.

다음은 '김순희'! 나의 소녀 시절 단짝친구다. 학교를 오갈 때 우린 늘 함께였다. 어느 날, 지금은 기억할 수 없는 이유로 멀어지게 된 나의 짝꿍. 만나서 어린 시절 속 좁은 자존심으로 멀리했던 그 시간들을 털어버리고 "미안하다, 보고 싶었다"고 하며 손을 맞잡고 싶은 친구다. 언제 다시 볼 수 있을까? "아디오스, 순희!"

오랜 세월을 뛰어넘어 기억나는 나의 벗들, 그리워했던 이, 미워했던 이, 나의 사랑, 나의 미움, 나의 분노가 조약돌을 타고 밀밭 속으로 날아간다. 내 마음의 후미진 시간과 공간 속으로 사라지는 이름들이여. 아디오스! 아디오스! 아디오스!

너무 가슴이 아파 멀리 힘껏 던져버린 돌멩이가 있었는가 하면, 차마 던져버리지도 못하고 손안에 뒹굴다 따뜻해져서 주머니 속으로 들어간 돌멩이도 있다. 미련 때문이리라. 어느 한 이름은 돌멩이에 쓰는 순간부터 그저 눈물이 흘러내렸다. 가슴이 미어지도록….

그란하 마을에 도착할 때쯤 발바닥이 화끈거렸다. 도착해 보니 한 친구의 표현대로 '물침대 두 개'가 나란히 생겼다. 프랑세스 길에서는 남들의 물집을 잘 치료해 물집전문닥터라는 별명을 얻긴 했지만, 한 번도 내 발에 물집이 잡힌 적은 없었는데. 샤워 후 노련한 솜씨로 물집을 치료했다.

바에서 시원한 클라라 한 잔을 즐기면서 뉴스를 보는데, 앞으로 사흘 동안 구름과 비를 예보한다. 걱정이다. 나보다도, 이 시간 프랑세스 길을 걷고 있을 내 친구들과 독자들이 더 염려스럽다. 비옷은 다들 챙겼을까? 너무 무리하지 말아야 할 텐데….

그란하 데 모레루엘라 → 타바라(27km)

Granja de Moreruela → Tábara

북한에서 온 중년여성

오늘도 가랑비! 이번 여행길에 어찌나 비가 많았던지, 이 정도 가랑
비는 애교 수준이다. 에슬라 강rio Esla을 따라 걷는다. 강물의 수위가
진짜 아슬아슬하다. 넘실대는 물살이 등산화 콧등까지 기웃거리는 강
가를 따라 걷기란 정말 아찔하다. 만일 위험한 상황이 되면? 배낭을 버
리고 수영을 하나? 저 거센 물살 속에서 제대로 수영이나 될까? 저 키
큰 독일 친구들 때문에 용감히 이 길을 걷지만, 저들도 위험이 닥치면
저 살기 바쁠 텐데? 이런 생존본능의 노심초사와 아름다운 풍경에 대
한 감탄 사이를 허둥지둥 오가며 걷는 빗길이다.

지금까지 남에서 북으로 직진으로 약 640km를 걸었고, 이제 우린
서쪽으로 방향을 틀어 강을 따라 오렌세 쪽으로 간다. 계속 직진을 한
다면 아스토르가로 북상한다. 플라타 길을 걷는 대부분의 사람은 바
로 이곳에서 좌회전하여 오렌세 방향으로 가는데, 포르투갈 국경 북쪽

을 따라가는 루트다.

한 시간 정도 강을 따라가니 화살표가 가파른 언덕 쪽을 가리킨다. 정상인 메세타 고원지대에 이르니 구름이 세찬 바람을 맞아 서쪽으로 부산하게 흩어지고 있다. 코발트빛 하늘에선 눈부신 뭉게구름의 조화가 푸지게 펼쳐지고, 초록이 짙어가는 숲 속으로는 황톳빛 붉은 길이 강줄기처럼 펼쳐진다. 들리는 소리라곤 시원한 바람소리와 잡목 숲에서 지저귀는 새소리뿐이다.

포도주 저장고가 줄지어 지어진 곳을 지났다. 문이 열린 곳이 있어 들여다보니 깊은 굴속으로 들어가는 곳이다. 그 깊은 곳에서 맛있는 포도주가 숙성되고 있으리라. 혹 구경할 수 있을까 싶어 굴속으로 소리를 질렀지만, 아쉬워라, 돌아오는 대답이 없다.

마을이 가까워올 무렵 눈이 부시도록 붉게 빛나는 황토와 모래, 조약돌이 섞인 길이 다시 나타났다. 조약돌 아바타 게임을 다시 시작했다. 난 점점 이 아름다운 황톳길에 매료되어 갔다. 물기를 머금어 촉촉

해진 색감으로 더욱 화사한 이 길이 내 맘도 촉촉하게 물들인다.

타바라 마을의 대표선수와도 같은 풍채의 산살바도르 교회는 11세기의 유적이다. 거기에 전시된 이름 모를 삽화책은 꽤 유명하다. 진품은 마드리드 국립역사사료관에 있다. 새가 뱀을 잡아 먹는 그림, 사각형의 종탑으로 올라가 종을 치는 모습, 악사들의 모습 등이 그려져 있는데, 아랍과 동양의 분위기가 묘하게 섞인 듯한 느낌의 채색과 그림들이다.

이 교회에서 세요를 찍어주던 아가씨가 내게 북한 여성이 이 마을에서 이틀 동안 머물다 갔다고 한다. 정말 북한 여인이었냐고 몇 번이나 되묻자 그 아가씨는 못을 박는다. "저도 북한과 남한을 구분하거든요. 그 사람은 분명 북한에서 온 중년여성이었어요." 그녀는 대체 어떤 신분이었기에 이 먼 시골마을까지 와서 머물다 갔을까? 요즘 유럽에 북한 출신 여행자들이 간혹 눈에 띈다고 하더니 정말인가 보다.

역사가 오래된 알베르게는 대부분 마을의 중심에 있고, 대성당이나 교회의 주변에 있다. 그런데 타바라 마을의 알베르게는 마을 가장자리에 있다. 점점 늘어나는 플라타 길 순례자들을 위해 새로 지은 알베르게이기 때문일 것이다.

방에 들어서니 침대와 침대 사이의 공간이 유난히 좁아 보인다. 답답해서 바로 문 옆의 이층침대에 짐을 풀었다. 내 밑 침대는 비 오는 날 열심히 길을 걷던 프랑스 할아버지가 쓰신다. 그런데 사람들이 하도 많이 들랑거리며 문을 열어놓고 다니니까 침대가 바로 문 옆에 있던 할아버지가 짜증스러웠던지 화를 버럭 내신다. "제발 문 좀 닫고 다니쇼." 분위기가 순간 서늘해진다. 할아버지의 까칠함 때문에, 행여나 시끄러울까봐, 난 이층침대에서 함부로 뒤척이지도 못하고 곱게 누워 있어야 했다.

프랑스 남자들의 소동은 거기서 그치지 않았다. 오늘 처음 보는 프랑스 순례자 두 분이 저녁 늦게 한잔 걸치고 노래를 부르며 들어왔는데, 흡! 이 분들 코고는 소리가 장난이 아니다. 피곤한데다 거나하게 취했으니…. 좁은 방안을 가득 메우는 현란한 돌비 스노링snoring 시스템. 참으로 알베르게다운 풍경 아닌가.

너무 곧게 뻗어 오히려 심심한 길. 물기를 머금어 촉촉해진 색감으로
더욱 화사한 이 길이 내 마음도 촉촉하게 물들인다.

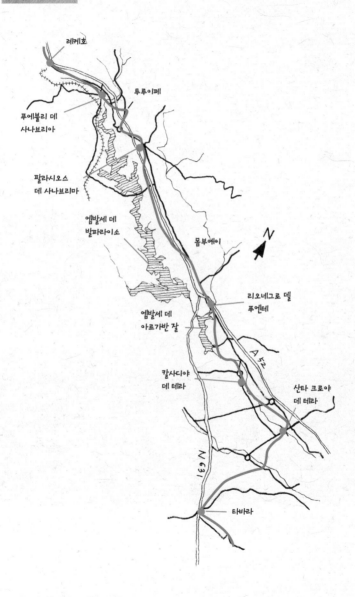

Day 27

타바라 → 산타 크로야 데 테라(21km)

Tábara → Santa Croya de Tera

지화자 조오타!

어럽쇼, 며칠 비가 올 거라더니? 도보여행자에게 최고로 좋은 날씨다. 우리 일행은 독일 가이드북의 안내를 믿고 3km를 돌아가는 길을 택했다. 짧은 코스의 길은 비로 인해 길 상태가 안 좋을 것이 예상되어서다. 그런데 출발할 때부터 한참 둘러 가는 길을 따라왔나 보다. 까칠한 프랑스 할아버지는 우리보다 늦게 출발했는데도 직선 코스로 질러와서 우리를 앞서 가는 게 아닌가. 가벼운 몸과 삐뚤어진 두 개의 나무 지팡이를 잽싸게 놀리면서 빠르게 걷는 할아버지의 은빛 수염과 머리가 유난히 빛난다.

세 시간쯤을 걷다가 잠깐 쉬고 산중턱에 올라서니 볕이 잘 드는 잡목 숲 속에서 할아버지가 혼자 앉아 피크닉을 즐기고 있다. "본 아페티 맛있게 드세요!"라고 인사하며 지나가니까, 오잉, "베리 굿!"이라고 화답하며 엄지를 들어올리고 환히 웃으신다. 햇살 속에서 손을 흔드는 모습

메세타 고원지대의 평균 고도는 740m. 워낙 넓은 고원지대라 막상 길을 걸으면서는
여기가 도봉산 정상 높이란 게 실감나질 않는다. 곧 무등산(1,186m)이나 소백산(1,439m)보다
더 높은 고원지대를 지나게 된다.

이 초현실적으로 맑고 따뜻해 보인다. 어젯밤 성마르게 화를 내던 그 할아버지가 맞나 싶을 정도다. 그분의 오찬은 치즈, 하몽, 오렌지, 푸딩, 빵조각, 거기에 물론 포도주가 곁들여진다. 카미노에서 음식을 잘 챙겨서 들고 다니기로는 프랑스인들 따라갈 사람들이 없다.

길고 긴 고원지대를 넘는다. 한반도의 평균 고도는 482m이고 전 세계 육지의 평균 고도는 875m다. 지금 지나는 이 고원지대는 740m. 그러나 우린 이보다 더 높은 고원지대를 지나기도 했고, 앞으로 1400m 고지로 오르는 코스도 지날 것이다. 넓고 넓은 고원지대이기에 고도 인식을 못하는 것이다. 안내책자는 "가끔 야생늑대나 곰이 나타날 수 있으며, 특히 일요일에 걸을 때는 유의해야 한다"고 경고한다. "이곳은 사냥 허가지역이니, 토요일 늦게까지 파티를 즐긴 탓에 술이 덜 깬 사냥꾼의 오발탄에 맞는 불행한 일이 생기지 않도록 조심하시라." 헉!

산타 크로야 마을에서 1km쯤 떨어진 곳에 산타마르타 데 테라가 있다. 알베르게를 지나 넓은 테라 강에 놓인 다리 두 개만 넘으면 되는 곳이다. 12세기에 지어진 그곳의 로마네스크 교회도 일품이지만, 그 교회 안에 있는 11세기의 산티아고상이야말로 꼭 보고 싶었던 걸작이다. 순례자들은 대개 카미노에서 만나는 다양한 모습의 산티아고상을 찍어 수집하는 걸 즐기는데, 맙소사, 공사 중이니까 내년 봄에 오라고 한다. 이렇게 허탈할 데가.

추운 날씨가 이어졌다. 이번 여행길 대부분에서 우리는 늘 추워했다. "아니, 태양의 나라 스페인에 왔는데 이렇게 추워서야? 바다 건너 아프리카로 가야겠군." 한 친구는 그렇게 너스레를 떨었다. 난 뜨거운 물로 몸을 녹였다. 뜨거운 샤워를 맘껏 쓸 수 있게 해주셔서, 참 감사합니다. 춥다고 하는 우리들을 위해 알베르게의 벽난로에 나무를 잔뜩 넣고 불을 지펴준 주인장님도, 참 고맙습니다. 참나무 타는 냄새가 참 좋다.

참나무 불꽃이 아름다운 벽난로 주위에 친구들이 모였다. 피아가 또 거드름이다. "인 이탈리아의 우리 집엔 이보다 더 멋진 벽난로가 있어." 에휴, 피아, 넌 참 속 편한 소녀 같구나. "킴! 우리 집에 빨리 오면 좋겠다. 그럼 나의 앤틱 침대에서 잠을 잘 수 있도록 해줄게." 한스는 이제 '인 이탈리아' 타령도 신경 안 쓰겠다는 눈치다. 그녀가 자꾸만 예뻐 보일 뿐이다.

오늘 저녁 식탁에는 새롭게 살라망카에서 시작한 친구들이 모두 모였다. 캐나다, 필리핀, 프랑스, 브라질, 벨기에, 독일, 네덜란드, 이탈리아, 스페인, 코레아, 그렇게 10개국이다. 자아, 우리 모두 축배의 잔을 듭시다!

캐나다 "토스트Toast!" 스페인 "살룻Salud!" 브라질 "사우데Saude!" 프랑스 "아 보트흐 상테A Votre Sante!" 독일 "프로스트Prost!" 이탈리아 "친친Cin Cin!" 필리핀 "마부헤이Mabuhay!" 내 순서가 되자 한 친구가 어설프게 "간빠이!"라며 엉터리 선수를 친다. 흠흠…. 그를 향해 살짝 힐난 섞인 웃음을 던져준 뒤, 내가 외친 말은? "지화자아 조오타아!"

Day 28

산타 크로야 데 테라 → 리오네그로 델 푸엔테

Santa Croya de Tera ⟶ Rionegro del Puente

샤넬 넘버 5

보슬비가 흩뿌리는 아름다운 테라 강을 따라 걷는다. 시원스레 쭉쭉 뻗어 늘씬한 몸매를 자랑하는 뽀얀 포플러 나무들이 열병하듯이 줄지어 서 있어 조림사업이 한창임을 일러준다. 진흙과 돌을 이용해 만든 집과 흙벽돌로 지은 집들이 다 허물어져 가는 작은 마을도 지났다.

흙벽돌로 지은 교회는 비바람에 지붕을 잃어버렸고, 종탑의 주인도 종이 아닌 새들로 바뀌었다. 아름다운 것도 카메라 세례를 받지만, 허물어져가는 세월의 덧없음과 쓸쓸함 또한 여행자들의 눈에 깊은 인상으로 아로새겨진다.

오늘 난 피아보다 앞서서 길을 걸었다. 그녀의 향수 냄새 때문이다. "킴! 난 늘 이 향수만 써. 샤넬 넘버 5." 그러나 신선한 자연의 향기에 익숙해진 난 그녀의 진한 샤넬 넘버 5가 거슬렸다. 걸을 때 나는 땀과 짬뽕이 된 진한 향수는 정말 기피대상이다. 난 그 냄새를 피해, 씩씩대면서도 걸음에 속도를 붙였다.

한스와 함께 지내는 시간이 많아지자 그녀의 향수 사용 빈도도 눈에 띄게 늘어났다. 알베르게에 도착해 샤워 후에 뿌리는 향수는 그래도 괜찮다. 그러나 아침에 뿌리는 향수는 정말 '으아악~'이다.

어느 날 저녁 식사하러 가기 전 향수를 진하게 뿌리는 그녀에게 슬쩍 언질도 줬건만… "헤이! 향수 너무 많이 뿌리는데? 조금 덜 뿌리면 좋겠다." 나도 도심에서 지낼 때는 향수 사용하는 것을 즐겨한다. 하지만 지금 우린 땀을 흘리며 걷는 도보여행자가 아닌가. 땀 냄새와 향수는 절대 결혼 불가다. 피아에게 차마 그 얘기는 하지 못했지만. 아침에 출발할 때 그녀에게서 향수 냄새가 진하게 풍기면 말없이 그녀보다 앞서서 걸어갔을 뿐이다.

길가의 작품

두 번째 만나는 마을의 바에서 커피와 간식을 먹었다. 필리핀 미인 부부도 함께했다. 클라우스 아놀드, 새니타 아놀드 부부다. 조용하고 예의바른 분들이다. 독일인 클라우스는 우리 일행 남자들의 부러움을 한몸에 받고 있다. 너무나 멋지고 매력적인 아내 새니타 때문이다. 소박한 마음씨의 소유자인 그녀는 영어와 독일어를 잘했다.

여전히 비가 내리는 가운데 알가반잘이란 댐의 둑을 가로질러 통과했다. 댐을 지나 왼쪽으로 댐의 가장자리를 껴안고 돌듯이 이어지는 좁은 길을 따라갔다. 비에 씻긴 포장길은 티끌 하나 없는 듯 반들반들 깨끗하다. 찰랑거리는 물소리, 관목 숲의 새소리, 길가에 핀 이름 모를 꽃무리들! 비가 내리지 않음 신발을 벗어들고 모래사장을 거닐거나 수영을 해도 좋을 그런 멋진 피크닉 장소다. 댐에서 200m 떨어진 곳부터는 수영을 해도 좋다고 한다. 이곳에서 화창한 날씨를 만끽하는 기분도 훌륭하겠지만, 보슬비 조용히 내리는 이 풍경도 흠잡을 데 없다.

앗, 저게 뭐지? 길 한 쪽에 뭔가 올망조망 모여 있는데, 틀림없이 KIM이란 글자다. 돌로 쓴 그 이름 아래 들꽃다발을 모아놓고 꽃들이 흩어지지 않도록 작은 돌멩이를 올려놓았다. "누가 나를 위해 이 멋진 퍼포먼스를?" 아, 감동의 쓰나미! 피아가 한껏 부러워했다.

키 작은 초목과 관목 숲이 담벼락처럼 펼쳐진 길을 따라 오르막을 오른다. 다시 깊은 산속으로 접어드는 길이다. 사람의 왕래가 적던 시절 멧돼지와 늑대가 지나는 나그네들을 위협하곤 했다는 산이다. 이런 정보를 알고 나니 은근히 겁이 나서 더 부지런히 걷게 되고, 지팡이 삼아 들고 가는 긴 우산대를 쥔 손에도 힘이 들어간다.

얀이 나를 위해 작은 조약돌로 'KIM'을 쓰고 들꽃으로 장식해놓았다.

나를 위해 멋진 퍼포먼스를 해준 네덜란드 신사 안.

리오네그로 강의 수심이 얕아지는 곳에 놓인 다리를 건너 얼마 못가 마을이 나왔다. 알베르게에 들어서자마자 친구들이 한 마디씩 한다. "헤이 킴, 봤어? 길가에 너를 위해 만든 멋진 작품 말이야. 야, 부러워." 한스는 매우 흥미롭다는 듯 윙크하며 속삭인다. "난 그 아티스트가 누군지 알지. 흠흠, 바로 홀란다 얀이야."

얀은 우리보다 걸음이 빠르기 때문에 늘 한 시간 정도는 앞서 간다. 그에게 기쁨에 넘치는 감사의 인사를 전했다. "뭘. 길이 아름다워 무슨 재밌는 일을 해볼까 하다가, 작은 조약돌을 저수지 주변에서 주워 'KIM'이라 쓰고 들꽃을 좀 꺾어 놓은 것이야. 근데, 그전에 있던 교회 앞 작은 집 벤치에 놓아둔 편지는 읽어봤어?" 세상에! 무슨 편지 말이야. 못 봤어. 못 봤다구. 얀이 손사래를 친다. "아깝군. 나중에 내가 사진으로 찍어둔 것을 보여줄게." 그의 이벤트로 오늘 알베르게로 들어오는 모든 친구가 저마다 길에서 찍은 그 장면을 보여주며 날 부러워했다.

흉한 이탈리아인

이런 나의 행복에 초를 치는 사나이가 있었으니, 멍청한 아니면 싸가지 없는 한 이탈리아 남자다. 부부 동행으로 걷고 있는 이 남자는 내가 방명록에 그림을 그리고 한글로 정성스럽게 글을 쓴 뒤 'Seoul, Korea'라고 덧붙인 걸 보고 이렇게 황당한 질문을 던진다.

"서울, 코레아? 그럼 지금 네가 쓴 그 글씨가 일본어야, 아님 중국어야?"

뭐시라! 이런 가당찮은 몽짜를 봤나! 이건 작정하고 무례한 질문을 던지는 것이다 싶어 나도 작정하고 쏘아붙였다.

"방금 네가 읽은 것처럼 난 한국 사람이야. 그럼 당연 이 글은 한국어지. 한글이라고 하거든? 적어도 네가 예의가 있는 사람이면 내게 그런 말을 하진 않았을 거야. 네가 좀 배운 사람이라면 이 정도의 상식은 있을 텐데!"

뼈 있는 말을 차분하게 웃으면서 했더니, 무안해진 그는 두 손을 들고 어깨를 으쓱하고선 입을 삐죽이며 나가버렸다. 에휴! 아마 이탈리아전에서 결승골을 넣었다고 안정환을 거의 내쫓다시피 했던 페루지아 구단주의 얼굴이 저런 꼬락서니가 아닐까 싶었다. 흉한 미꾸라지 한 마리가 늘 나라 망신을 시키는 거다.

그가 나간 뒤 한스와 얀이 내 어깨를 토닥이며 '잘했다'고 엄지를 추켜세운다. 알베르게에서 몇 번 만난 이 이탈리아 부부는 너무나 이기적이고 무례해, 심지어 '애국 이탈리아 여인'인 피아마저도 고개를 설레설레 저었다.

Day 29

리오네그로 델 푸엔테 → 팔라시오스 데 사나브리아(26km)

Rionegro del Puente → Palacios de Sanabria

가랑비에 옷 젖기 전에

안개까지 뿌연 새벽길에서 길 찾기란 생각만큼 쉽지 않다. 나 혼자 같으면 절대 이런 길을 나서지는 않을 텐데. 일행은 날씨가 더울 것으로 예상되기 때문에 일찍 출발한 것이다. 다들 헤드랜턴을 쓰고서 가이드북을 꺼내 길을 찾느라 진땀을 뺀다. 날이 밝았으면 벌써 어딘가에서 노란색 화살표를 찾아냈을 텐데.

짙은 안개가 걷히자 대자연의 파노라마가 펼쳐지기 시작했다. 맘부이Mombuey 마을 입구에서다. 이른 아침 동네 산책을 나왔는지 아저씨 한 분이 마을에 들어서는 내게 정신없이 스페인어를 쏟아붓는다. 무슨 영문인지 통장 여러 개를 꺼내 흔들면서 뭐라 뭐라 말을 했다. '대체 무슨 말씀이신가요, 아저씨?' 옳거니. 마침 뒤에서 피아의 향수 내음이 따라오고 있다. 저만큼 뒤에서 오고 있는 피아를 가리키니, 그 아저씨도 나를 놔주고 그 자리에 서서 피아를 기다렸다.

나중에 피아에게 들어보니, 그의 이야기는 돈이 다 떨어진 통장에 관한 이야기였고 그래서 너희들처럼 여행을 못 간다고 하는, 대충 그런 하소연이었다고. '저런, 저런. 매일 하는 술과 복권 그리고 파칭코에 돈을 좀 덜 쓰시지.' 스페인의 시골 바에서는 일을 마친 아저씨들이 그렇게 소일하는 모습을 자주 보게 된다.「바그다드 카페」같은 로드무비에나 어울릴 법한 쓸쓸한 바 풍경을 스페인 시골에서도 보게 될 줄이야. '가랑비에 옷 젖는다고요. 매일 쓰는 그런 작은 돈도 아끼지 않으면 아저씨 통장에 뻥뻥 구멍이 나죠.'

어여쁜 사진일기

오늘의 일기를 쓴다면 사진일기로만 남기고 싶다. 이베리아 반도 북부를 횡단하는 칸타브리아 대산맥의 줄기에서 남으로 뻗어내린 카브레라 산맥을 오르는 곳이다. 메세타의 끝에서 대산맥의 산자락을 타고 오르는 것이다.

산등성이를 오르락내리락거리며 집 몇 채가 옹기종기 모여 있는 작은 마을들을 지났다. 길가에 흐드러진 꽃들을 쓰다듬으며 걷다 보면, 떡갈나무와 밤나무가 유난히 많은 산등성이를 오르내리는 일도 그리 고역만은 아니다. 깊은 산골짜기 마을의 이끼 긴 돌담은 짙은 암록색으로 가라앉아 있지만 그 사이로 난 대문은 선연한 빨강으로 두드러져 보인다. 축사의 문짝들도 원색의 진초록이나 형광색 연두, 빨간색 등의 강렬한 색감을 자랑하는데, 묘하게도 그런 배색이 배경과 잘 어울렸다.

젊은이들은 모두 도시로 떠나고, 시골에 남은 노인들과 검은 옷을 입은 여인들 몇몇이 허물어져 가는 낡은 집들을 꽃과 화려한 페인트로 아름답게 가꾸며 살고 있는 산촌마을이다. 돌담을 두른 텃밭에서 검은 옷을 입은 할머니 두 분이 밭을 매고 있다.

"올라!" "올라, 부엔 카미노!"

내 짧은 인사에 할머니들이 일어나 손을 흔들며 따뜻한 웃음까지 건네며 남은 길을 축복한다. 낡았지만 어여쁘고 따사로운 이 산골마을의 풍경이 오늘 내 일기장에 꽂힐 한 장의 사진이다.

산골마을의 짓다 만 숙소

오늘의 목적지인 팔라시오스는 고도 약 950m에 위치한 마을이다. 나와 피아가 마을에 도착하니 한스가 기다리고 있다. 한스와 피아는 서로 진하게 포옹을 하고 뽀뽀한다. 그뿐인가. 한스는 냉큼 피아의 배낭을 뺏어 든다. '어허, 이런 염장 커플을 보았나.' 한스에게 한껏 어리광 같은 애교를 부리는 피아. 그녀는 천상 여자다.

오늘 묵을 곳은 사설 오스탈, 즉 민박집인 셈이다. 숙소가 있는 2층의 베란다는 아무 보호난간도 없이 그냥 콘크리트만 부어놓고 마무리도 제대로 하지 않은 상태다. 어째 어수선하고 머물고 싶지 않은 집이다.

숙소 자체가 공사판처럼 심란한데다가 방 넷에 순례자들을 나눠야 하는 침대 배정도 심란하다. 마침 베란다에 낡은 소파가 있어 난 거기서 별을 보며 자겠다고 했다. 주인이 접이용 침대 하나를 갖고 왔지만, 작은 방에서는 무용지물이다. 문을 열 때마다 접이용 침대를 접었다 폈다 해야 할 꼬락서니니. 아, 아무리 먼저 온 일행이 짐을 푼 뒤라 할

수 없이 합류하긴 했지만, 정말 숙소 환경이 너무 심했다. 겨우 방 배정을 마친 뒤 뒤뜰에서 쉬는데, 한스와 피아는 꼭 붙어 앉아 자꾸 나를 보고 둘이 키득댄다. '뭐야, 예의 없게시리…'

바로 가는 길에 세탁한 빨래를 널고 있는 독일 노부부를 만났다. 그들은 우리 바로 옆의 다른 오스탈에서 머문다. 그들의 숙소는 우리보다 형편이 좋았다. 우리 숙소 아줌마의 적극적인 영업에 우리 일행이 그만 낚인 꼴이 되었다. 그 결과는 짓다 만 숙소에서의 심난한 하룻밤인 것!

바에서는 필리핀 부부와 함께 얘길 나눴다. 아내 새니타의 고향은 필리핀의 보라카이다. 독일인 클라우스와 결혼하고도 보라카이에서 살았는데, 아이들이 자라자 교육문제로 독일로 돌아갔다. 나도 15년 전 보라카이에서 사흘을 머문 적이 있다고 하니, 그때면 자신들도 거기 살았다고 한다. 우린 아름다운 보라카이 섬에서의 추억을 나누기도 했다.

이번 여행에 대해서도 많은 얘기가 오고 갔다. 여행자들의 오만과 무례, 색다른 역사와 문화를 대할 때의 태도 등 여행지에서의 예의가 주된 화제였다. 내 맘에 담긴 얘기가 이리도 많았던가 싶을 만큼 온갖 사연이 쏟아져나오는 바람에 나도 놀랐다. 늘 말이 없던 이들 부부가 풍부한 감정과 이해력, 그리고 폭넓은 지식의 소유자임을 알게 되어 즐거웠다. 무엇보다 그들은 공손하고 예의바르고 유쾌한 여행자들이었다.

한스 일행과 피아가 바에 들어왔다. 필리핀 커플은 이들이 오자 숙소로 돌아갔다. 한스는 바에 와서도 피아와 알 수 없는 농담을 하며 나를 보고 키득거린다. 이쯤 되면 정색하고 한마디 해야 하는 거다. "한스! 피아! 너희들 자꾸 왜 그래? 아까부터 나를 바라보며 너희들끼리 킬킬거리고 웃어대며 농담을 했어. 나도 그냥 너희들의 태도를 무시하고 넘어가려고 했어, 한두 번은. 하지만 계속 이러는 건 내게 아주 무례한 행동을 하는 거야. 난 너희들의 불쾌한 행동을 받아줄 수 없어." 그리고 바를 나왔다.

바에서 돌아온 한스는 내게로 와서 정중하게 사과를 했다. 불쾌함이 가시진 않았지만 그의 사과를 받아들였다. 피아는 주뼛주뼛 나를 피하고. 뜨거운 샤워를 저녁식사 후로 미뤄두길 참 잘했다 싶다. 맘에 차지 않고 성가시고 화나는 일들이 많으나, 케세라세라…. 뜨거운 샤워 아래에서의 콧노래 한자락으로 다 용서하고 있지 않은가.

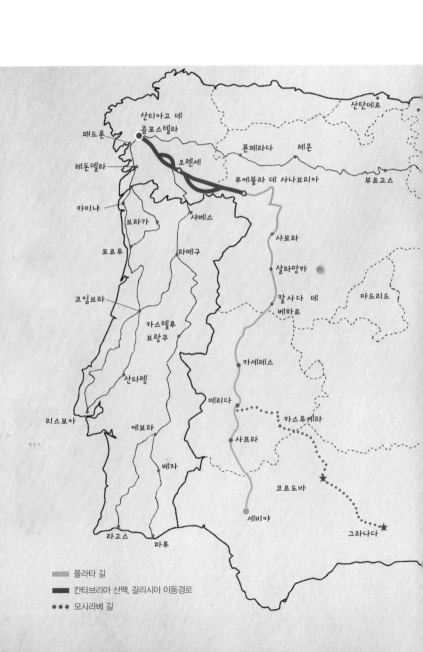

산티아고 데
콤포스텔라
패드론
레돈델라
카미냐
브라가
포르투
코임브라
카스텔루
브랑쿠
산타렘
리스보아
에보라
베자
라고스
파루

오렌세
샤베스
라메구

산탄데르
폰페라다   레온
푸에블라 데 사나브리아
부르고스
사모라
살라망카
칼사다 데
베하르
마드리드
카세레스
메리다
카스투에라
사프라
코르도바
세비야
그라나다

▬▬ 플라타 길
▬▬ 칸타브리아 산맥, 갈리시아 이동경로
●●● 모사라베 길

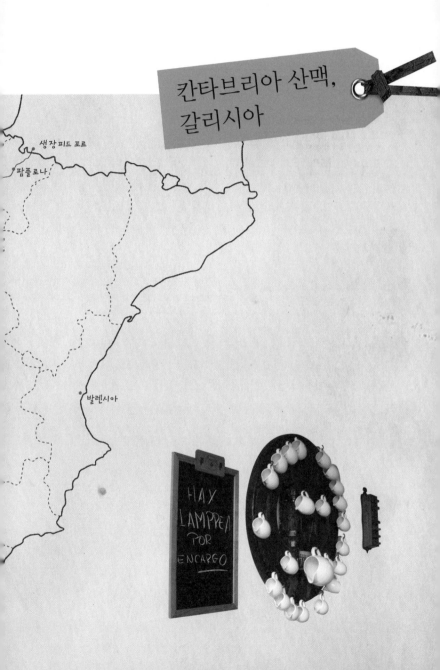

칸타브리아 산맥,
갈리시아

생장피드 포르

팜플로나

발렌시아

HAY
LAMPREA
POR
ENCARGO

이제 메세타 고원을 떠나 산맥을 넘어 대서양변의 갈리시아 지방으로 들어가야 한다. 봉우리를 넘어 골짜기로 내려가면 작은 산골마을이 등장하고, 다시 다른 봉우리를 넘어야 하는 패턴으로 길은 이어진다. 깊은 산골답게 풍력발전용 터빈들이 산등성이를 수놓고 있는 풍경은 북부 메세타에서부터 엇비슷하다.

기후적으로 열악하고 지리적으로 고립된 산악지역에 그렇게 많은 마을이 있는 건 일면 놀라울 정도다. 노인들이 세상을 뜨면 지상에서 홀연 사라지고야 말 생활양식을 차근차근 눈에라도 담아둘 일이다.

산티아고 대성당을 향한 마지막 루트는 칸타브리아 산맥이 대서양으로 빠져들며 형성한 내리막 지형의 갈리시아를 통과한다. 대양이 근접한 탓에 날씨는 하루에 사계절을 다 경험하기 일쑤일 정도로 변화무쌍하다.

비가 많고 고립된 지형 탓에 갈리시아 지방 사람들은 다른 스페인인들보다 보수적이라는 평을 받지만 카미노에서 만나는 사람들에게서는 그런 느낌을 전혀 받을 수 없다.

혹독한 겨울을 보내고 새봄을 맞으며 펼쳐지는 라사의 카르나발carnaval 축제, 알바리뇨, 리베이로 등의 갈리시아산 백포도주, 포도 껍질로 만드는 독주 오루조orujo, 몸의 피로를 한눈에 날려주는 찬란한 오크숲 등은 카미노를 마치는 순례자들을 위해 신이 준 선물과도 같다.

카미노는 푸에블라 데 사나브리아에서 빌라르 데 바리오까지 봉우리를 넘고 또 넘어, 작은 산골마을들을 거치며 이어진다. 거기서 오렌세까지 줄곧 내려간 뒤, 오세라 수도원을 중심으로 약간의 오르내림을 반복한 끝에 산티아고 대성당에 다다른다. 총연장 257km. (물론 산티아고에서 대서양변 땅끝마을인 피니스테레까지 카미노는 계속 이어진다. 이 부분은 전작인 『산티아고 가는 길에서 유럽을 만나다』 참조.)

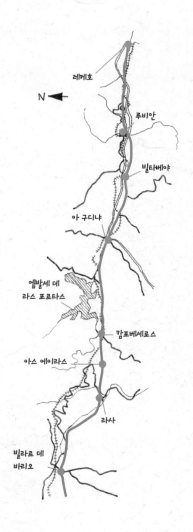

N ◀

러께호

루비안

빌타베야

아 구디냐

엠발세 데
라스 포르타스

캄포베세로스

아스 에이라스

라사

빌라르 데
바리오

팔라시오스 데 사나브리아 → 레케호(28km)

Palacios de Sanabria ⟶ Requejo

사랑! 사랑! 내 사랑아!

이제 메세타 지역을 벗어나 칸타브리아 대산맥 지역에 들어선다. 칸타브리아는 스페인 북부 이베리아 반도의 북쪽 연안인 비스케이 만을 따라 동서로 뻗은 산맥이다. 이 산맥의 남쪽이 이제껏 우리가 걸어온 고원지대인 메세타다. 팔라시오스를 벗어나며 우린 이미 해발 1,000m의 고지를 걷고 있는 것이다.

15세기의 성채가 테라 강변의 언덕에 자리를 잡고 있는 푸에블라 데 사나브리아의 올드타운은 한산해 보이지만, 이 근처에 사나브리아 호수가 있어 여름부터 9월까지는 관광객이 몰려와 북적댄다고 한다. 우리는 그저 통과하는 여행자다.

오늘도 물을 여러 번 건넜다. 숫제 유격훈련이나 진배없다. 스틱으로 서로를 연결하는 합동작전을 펼치기도 하고, 물가에 놓인 울타리를 잡고 따라 건너야 하기도 했다. 먼저 건너간 얀이 주변의 돌을 주워다

피아와 한스는 늘 붙어 있고 늘 즐겁다. 우리도 덩달아 즐겁다.

징검다리를 만들어주기도 했다. 네덜란드 공병대가 놓은 다리를 이탈리아와 독일, 한국 보병이 건넌 셈. 이 힘든 길을 돌고 돌다 결국 N525 자동차도로로 접어들었다. 에둘러 온 길이긴 했지만 팀워크를 다질 수 있었던, 즐겁고 아름다운 길이었다. 오늘 마을입성 1등은 얀과 나. 사랑에 빠진 피아의 향수 때문에 내 걸음이 계속 빨라지고 있다.

레케호 마을의 교회에선 주말을 맞아 결혼식이 한창이다. 교회 뒤쪽에 있는 바에서 세요를 찍고 오른쪽 도로를 건너 알베르게를 찾아갔다. 고산지대로 올라와서 그런지 날씨가 아주 쌀쌀해졌다. 우린 옷을 껴입고도 잔뜩 웅크리고 다녔다.

알베르게에 짐을 푼 뒤 샤워도 뒤로 미룬 채 즉시 마을로 나왔다. 가게들이 문을 닫기 전에 먹을 것을 사두어야 한다. 교회에선 막 결혼식이 끝나 가족사진 촬영이 한창이다. 결혼식의 마지막 세리머니는 쌀을 던지며 축복을 해주는 것인데, 난 그걸 보려고 기다렸다. 쌀봉지를 돌리며 쌀을 나눠주던 이가 그런 내게도 봉지를 내밀며 쌀을 집으라고 한다. 엉겁결에 쌀 한 줌을 집어들고 주인공 커플이 밖으로 나오길 기다렸다. 제일 먼저 조부인 듯한 분이 그들이 나오자마자 쌀을 던지며 덕담을 했다. 이어서 우르르 신랑신부에게 다가가 주먹에 쥔 쌀을 던지며 덕담을 했다. 그들은 물론 내 축복도 덤으로 받았다.

피아와 한스의 로맨스는 날로 깊어져 간다. 이제 침대도 꼭 위아래를 쓰거나 바로 옆 침대를 쓴다. 때론 밤늦게 키득거리며 웃는 피아의 웃음소리가 들릴 정도다. 그녀가 행복하면 나도 좋다. 난 그들 로맨스의 오작교니까!

알베르게에 도착하면 난 짐을 풀어놓고 일단 밖으로 나온다. 땀을 많이 흘려 빨리 샤워를 하고 싶어하는 독일 친구들을 위한 나만의 배려법이다. 마주보는 두 곳의 바 중 레스토랑과 겸업을 하는 바로 갔다. '음, 제대로 격식을 갖춘 곳이군.' "우노 클라라 리모나다 포 파보르." 클라라의 맛은 바텐더에 의해 좌우된다. 차가운 레몬에이드와 생맥주의 절묘한 혼합비! 거기다 약간의 따르는 기술까지! 오호, 이 바의 클라라는 단숨에 들이킬 정도로 시원하고 맛있다. 맥주로 갈증을 싹 씻어낸다는 말은 바로 이런 뜻일 터! 낯선 동양여자가 바에 들어섰을 때 호기심으로 바라봤던 바텐더들은 내가 한잔을 제깍 비우자 엄지를 치켜세우며 껄껄 웃었다. "우노 클라라 리모나다." 빈 잔을 들고 다시 주문하고서야 여유롭게 바 내부를 둘러본다.

공중에 하몽, 로모, 소시지 따위가 주렁주렁 매달려 있다. 모두 판매용이다. 호세라고 자신을 소개한 바텐더가 하몽과 로모를 동태 포 뜨듯 얇게 떠서 하나씩 맛보라고 건넨다. 이 하몽과 로모는 품질에 따라 값이 다양하다. 호세는 자기가 내게 준 게 최상품이라고 한다. 오호, 비린내 하나 없이 구수하니 일품인걸.

바를 즐기며 앉아서 책을 보는데 아기를 안은 젊은 부인이 들어왔다. 내게 "부엔 카미노"라며 인사를 해주어 잠시 대화를 나누었다. 그녀의 시누이는 수녀인데, 일본에서 2년간 지낸 후 지금 한국의 수원에서 봉사를 하고 있다는 것이다. 자신은 산티아고 가는 길에서 만난 인연으로 결혼을 했다면서 남편을 소개했다. 아이가 셋인 이들은 산티아고에서 산다. 주말을 이용해 부모님을 모시고 아이들과 여행을 하는 중이라고 한다. 그녀의 추천으로 이곳 특산품인 초콜릿을 샀다. 바에 수북하게 쌓여 있던 쿠키와 초콜릿이 이유가 있는 제품들이었다. 갈리

"수원에서 봉사하고 계신 스페인 수녀님! 산티아고에 사는 조카네 가족 좀 보세요~."

시아와 카스티야레온 지역의 미식가들은 이곳의 쿠키와 초콜릿을 사기 위해 드라이브를 겸해 이곳까지 놀러온다는 것이다.

산티아고 가는 길에서 만난 인연으로 피니스테레에서 결혼식을 올리는 멕시코 커플을 본 적이 있다. 길 위에서 사랑을 키우는 젊은 커플들도 보았다. 결혼을 해 아이가 셋인 커플도 이제 본 것이다. 피아와 한스가 우여곡절 끝에 예쁘게 사랑을 키워가는 모습은 목하 현재진행형으로 보고 있고. 산티아고 가는 길은 이렇게 사랑이 싹트는 길이기도 하다. 문득 이 길에서 만난 인연이라면 그야말로 길고 오래도록 지속되지 않을까 짐작해본다. 저녁 무렵 아름다운 젊은 커플이 알베르게로 들어왔다. 체코에서 온 젊은이들이다. 친구 사이라고 소개하는 걸 보니 결혼은 하지 않은 듯. 조용하고 공손한 이들은 서로 아주 닮았다. 보기만 해도 정겹고 사랑스런 커플이다.

두 시간이 넘도록 얘기하며 같이하는 저녁식사 대신 오늘은 점심 때 들른 바로 갔다. "우노 클라라 리모나다!" 호세가 반갑게 맞아주며 클라라를 만들어주었다. 크하, "우노 클라라"를 세 번이나 외치고 잠자리에 들다니, 정말 좋구나. It's so easy to fall in love, It's so easy to fall in Clara, 흥얼흥얼, 가사가 절로 바뀐다. 흥알흥알, 웅얼웅얼, 음냐음냐…

Day 31

레케호 → 루비안(19km)

Requejo → Lubián

산마을살이를 꿈꾸며

마을을 벗어나 바로 산길을 오른다. 레케호 마을도 1,000m의 고
지에 자리 잡고 있는데, 더 높은 곳으로 본격적인 등산을 하는 것이
다. 물소리 시원스런 계곡을 따라 산을 올랐다. 새들도 질세라 예서제
서 노래를 불러댄다. 좁은 길을 따라, 백리향과 금작화향을 음미하며,
오락가락하는 비를 맞으며 정상에 올랐다. 정상에서 얀의 고도계는
1,345m를 가리켰다.

바람소리가 거세다 싶었더니, 어김없이 풍력발전기들이 산등성이를
수놓고 있다. 가파른 내리막길을 가느라 식어버린 몸을 덥히려면 바에
서 따뜻한 음료를 마셔야 한다. 그런데 산골마을의 바 주인장이 너무
불친절해서 바에서 쉬는 즐거움이 반감되고 말았다.

지루한 내리막길이 이어진다. 힘들게 오르막을 올랐을 자전거순례
자들이 신나게 내리막을 질주해 내려갔다. 그 경쾌함이 부럽다. "잊지

못할 빗속의 여인, 그 여인을 난 잊지 못하네." 비로 시작하는 노래를 부르기 시작해, 더 이상 배가 고파 더 못 부를 때까지 산중 리사이틀을 하며 길을 걸었다. 산자락을 지그재그로 내려가는데 마을과 동떨어진 산중 깊은 곳에 기차역이 있었다. 그래서 스페인 산골은 기차보다 버스가 더 편리하다.

아무래도 비 온 뒤 계곡길은 피해야겠다 싶어 우리는 아스팔트길로 우회하기로 했다. 한스는 지금까지 늘 앞장서서 걸었다. 큰 키에 경중경중 걷다 보면 앞장설 수밖에 없다. 이제는 그러다가도 피아와 함께 걷고 싶어 자꾸 주춤주춤 서서 뒤를 돌아본다. 우리들 모두는 그들을

십분 이해하며 진심으로 그들의 로맨스가 잘 되기를 바란다. 홀로 된 남녀가 외롭게 지내다 시작된 로맨스 아니던가.

안도 홀아비다. 그녀의 딸은 매일 아침저녁으로 전화를 한다. 얀의 아내는 자궁암으로 세상을 떠났다. 얀은 아내의 옷매무새가 아름다워 자신이 늘 옷을 선물했다고 추억한다. 그의 쓸쓸한 표정에서 아내에 대한 그리움이 아직도 진하게 느껴진다.

루비안의 알베르게는 중심부의 교회 쪽에 있지 않고 마을 입구에 있다. 새로 지은 것이라 그렇다. 맨 먼저 도착한 나는 마을 입구의 갈림길에서 잠깐 서성였다. 그때 갑자기 창문이 열리더니, 손짓으로 옆 건

물을 가리키며 그게 알베르게라고 일러주시는 게 아닌가. 그 주민의 도움으로 쉽게 숙소를 찾았다. 마을 한복판까지 갔다 되돌아올 뻔했는데 말이다. 우리 일행 중 하이너호와 클라우스는 애석하게도 그 헛수고를 하고야 말았다.

비가 개기 시작했다. 낮잠을 자려고 침대에 누워 창밖을 보니 알베르게의 창문으로 뭉게구름 가득한 수묵화 한 폭이 펼쳐진다. 잠이 확 달아나도록 아름다워 누워 있을 수가 없다. 창문을 열고 바라보다 문득 배낭 깊숙한 곳에서 잠자고 있는 비디오카메라가 생각났다. 카메라를 들고 밖으로 나갔다.

루비안은 사방이 산으로 둘러싸여 있어 어느 길이든 오르막 아니면 내리막이다. 알베르게를 나와 내리막을 택했다. 개를 데리고 산책나온 마을 분을 만났는데 그 분이 유창한 영어로 안내를 해주었다. 이곳 루비안에는 18세기에 지어진 집들이 많다. 제법 큰 집터들이 방치되어 있다. 이번 여행길에서 난 이렇게 빈 돌집을 많이 보았다.

조금만 손질해도 충분히 살 수 있을 만한 집들인데… 난 꿈을 꾸어 본다. 돌로 만든 멋진 기둥 위에 나무로 발코니를 만들고, 음, 붉은 갈색 칠을 해야겠지? 오랜 세월을 견뎌낸 돌구조물과 붉은 갈색을 입은 나무의 조화! 집 주변에 금작화·백리향을 옮겨다 심고, 돌계단으로 오르는 입구에는 장미덩굴로 아치를 만들고, 집 앞으로 흐르는 시냇물에 돌판 하나 비스듬히 놓아두어서 빨래터를 만들고….

산마을살이의 꿈에 젖어 몽롱한데, 어디선가 순례자들의 귀에 익은 노랫소리가 들려온다. 분위기 메이커인 브라질 아저씨가 일행과 함께 노래를 부르며 알베르게로 올라오고 있다. "올라, 킴! 일찍 왔네. 어디서 출발했남? 우린 푸에블라 데 사나브리아에서 오는 길인데." 거기면 우리가 출발한 레케호보다 7km쯤 더 걸어오셨구나. "네가 킴이야? 만나서 반가워! 난 당신 그림을 보며 왔어. 멋지던데." 처음 본 아저씨가 내게 손을 내밀며 알은체를 한다. 알베르게의 방명록이나 노란 부채에 그려둔 그림들을 보고 하는 말이다. 이로써 오늘의 동영상 제작은 감독의 뿌듯한 미소로 마무리된다.

오랜 세월 기억하고 미워했던 사람들의 이름을 작은 조약돌에 써서 밀밭 속으로 던졌다.
아디오스! 나의 지난 모든 추억들이여.

Day 32

루비안 → 아 구디냐(24km)

Lubián → A Gudiña

이제나… 저제나…

새벽부터 특별한 이벤트가 펼쳐졌다. 어제 네덜란드에서 온 부부가 새로 합류했는데 남편이 생일을 맞았다. 아내가 잠에서 깬 남편을 끌어안고 생일 노래를 부르기 시작했다. 그 노래를 들은 한방 식구들이 함께 노래를 부르며 축하해주는 것. 아내는 간밤에 우리들에게 미리 귀띔을 해놓았었다. '아, 부러워라. 저런 게 행복이지.'

행복해하는 그들 부부를 보고 나선 길. 검은 하늘엔 아직 새벽별이 총총하다. '날마다 이렇게 일찍 출발해야 하나' 싶다가도, '하긴 언제 이런 별빛 속을 걸을 수 있을까' 싶다.

나흘째 포르투갈과의 국경 북쪽의 대산맥을 따라 걷는다. 왼편으로 보이는 산봉우리들은 아마 포르투갈 땅일 것. 나흘 동안 묵은 곳들은 자그만 산골마을이었지만, 오늘 도착할 구디냐는 소도시다.

루비안을 벗어나 1,262m 고지를 하나 넘어 구디냐로 줄곧 내려가야 한다. 오르막 내내 어찌나 진창인지 오르는 일이 두 배 세 배로 힘들다. 용을 쓰며 오만상을 찡그리다가도 꽃만 보면 얼굴이 활짝 펴진다. 하양과 분홍의 백리향, 노란 금작화, 흰 에리카, 자홍색의 히스까지. 스페인에 자생하는 꽃이 8,000여 종이라는데 내가 아는 거라곤 고작 그런 몇몇 종뿐이다. 스페인 어딜 가나 꽃이 지천으로 피어 있다. 오늘의 가파른 길도 꽃향기의 위안이 있어 조금은 덜 고달프다.

고지에 올라 아래로 펼쳐진 길을 보니, 어휴 저걸 어찌 걸어왔나 싶을 정도다. 스스로가 대견스러워 기지개를 켜고 사방을 둘러봤다. 우리가 올라온 쪽은 사모라, 내려갈 쪽은 오렌세 지방이다. 동쪽의 카스티야레온 주를 걸어와 이제 서쪽의 갈리시아 주로 넘어갈 찰나인 것이다. 물론 남쪽은 바로 포르투갈과의 국경이다. N525번 국도를 지날 때는 국경수비대 차량도 보았다. 주차된 그 차의 열린 창문에서, 힘겹게 언덕을 오르는 우리를 향해 흔드는 손이 얼핏 보이기도 했다.

이제 완만한 내리막길. 강원도 감자처럼 동글동글한 모양의 큰 바위들이 정겹게 흩어져 있는 풍경이다. 비아 델 라 플라타에서 좀처럼 보기 힘든 산등성이 풍경이다. 피아는 한스와 손을 잡고 앞서 걷고 있었는데, 왠지 혼자 앉아 나를 기다리고 있다. 롱다리 한스와 보조를 맞추느라 아마 힘이 들었나 보다. 이제 둘은 잠시도 떨어질 수 없다는 듯 다부지게 손을 잡고 쉴 새 없이 이야기를 하며 걷는다. 음, 힘이 빠질 만도 하다.

오늘 거리는 그리 긴 코스는 아니었지만 구디냐 알베르게에 도착할 때는 다들 녹초가 되어 있었다. 중간에 어느 동네 아저씨께서 "300m만 더 가면 구디냐"라고 일러주었는데, 가도 가도 안 나오던 구디냐는

5km도 넘는 곳에 있었다. 우리는 분명 300m라고 들었는데…. 오르락 내리락도 힘들었지만 막바지의 '이제나, 저제나'가 우리를 후줄근하게 만들었다.

숙소에 먼저 도착한 한스는 피아의 배낭을 받아주고 그녀를 안아준다. 배낭을 내려놓으며 슬쩍 핀잔을 줘봤다. "헤이, 한스. 내 배낭은 안 보여?" 한스도 밉지 않게 윙크를 하며 능친다. "오, 미안해라. '마이 레이디'만 눈에 띄었거든."

걸을 땐 몸이 후끈거려 추위를 느끼지 못하지만 마을에 도착하면 공기가 아연 선선하다. 점퍼를 입고 긴바지를 입어도 춥다.

구디냐는 소도시답게 바와 레스토랑이 많다. 추천받은 바가 너무 멀어 대충 들른 가까운 바. 뚱뚱한 자매 바텐더의 친절과 요리 솜씨가 10유로만 내고 나오기 미안할 정도로 빼어나다.

마을 쇼핑센터에서 아주 신기한 것을 봤다. 하이너호가 가게 구경을 하다 가방에 쓰여진 한글을 발견하고 내게 보여준 것. 국내보다 해외에서 큰 성공을 거둔 것으로 유명한 국산 캐릭터 상품인 뿌까 가방인데, "이 몸이 죽고 죽어 일백 번 고쳐죽어, 가루 향한 一片丹心이야 가실 줄 있으랴"라는 묘한 패러디가 적혀 있다. 가루? 뿌까의 미스터리 연인이 가루던가? 아, 나의 가실 줄 모르는 일편단심은 누굴 향하나? 님은 어디에 계신가? 스페인 골짜기에서 구슬픈 진양조의 일편단심 타령 구슬프다.

칸타브리아 산맥에서 만난 카미노 화살표. 잠깐 앉아 쉴 때도 금세 몸이 식고 추워질 정도로 선선하다.

아 구디냐 → 캄포베세로스(20km)

A Gudiña → Campobecerros

봉우리들의 바다를 걷다

일어나기 싫은 아침이다. 침낭에 웅크리고 누워 있으니 하이너호가 와서 침낭을 흔든다. 좀더 버티다가, 결국 클라우스가 다시 흔들어 깨울 때에야 마지못해 일어났다. 맨 나중에 일어나도 준비는 제일 먼저 한다. 잠들기 전에 짐을 다 꾸려놓고 아침에는 침낭 집어넣고 세수하고 세면도구를 집어넣으면 되기 때문이다. 여기저기 늘어놓는 것이 없다. 잔뜩 늘어놓았다가 아침에 부랴부랴 배낭을 꾸리는 피아가 늘 제일 늦다.

두 갈래로 나뉘는 이정표 앞에 섰다. 왼쪽은 남쪽으로 가는 베린 코스, 오른쪽은 북쪽으로 가는 라사 코스다. 북쪽 루트인 라사로 가기로 했다. 베린보다 짧고 산등성이를 넘을 때의 파노라마가 기대되는 코스다.

새벽 산등성이에 오르니 마치 바다 한복판에 있는 듯하다. 드넓게 펼쳐지는 봉우리들의 바다. 마침, 잔잔한 파도처럼 일렁이는 산줄기 너머로 달이 지고 있다. 연한 황금빛의 둥근 달은 넓은 바다 수평선으로 사라지는 작은 배와 같다. 잠시 후 달이 떨어진 반대쪽 산등성이 너머에서 해가 솟아오르기 시작한다. 깊은 어둠과 여명 사이로 붉은 기운이 황홀하게 번진다. 모두 제자리에 서서 한 번은 서쪽으로, 한 번은 동쪽으로, 달의 몰락과 해의 융기를 묵묵히 바라봤다. 대자연의 사이클을 온몸으로 느끼는 시간, 우리는 모두 말이 없다…

햇빛은 계곡에 드리운 자욱한 안개를 서서히 걷어냈다. 그 아래로 거짓말처럼 넓은 물길이 드러났다. 포르타스 저수지다. 시야를 멀리하여 통째로 보면 장쾌한 산맥이지만 가까이 있는 산자락들은 제법 저마다의 색깔로 독특하다. '황야의 꽃'이라 불리는 히스가 만발하고, 부스스 엉키어 있는 키 작은 관목들이 카펫처럼 깔린 산이 있나 하면, 다른 산등성이는 간벌용 도로가 네모 반듯하게 뚫려 있어 마치 조각조각 이어붙인 퀼트 공예를 연상시킨다.

새로 만난 네덜란드 부부는 두 시간에 한 번씩 쉬고 간다며 배낭을 풀고 앉았다. 그냥 천천히 가는 것과 배낭을 풀고 쉬었다 가는 것은 완전 다르다. 하지만, 한스가 없으면 심심한 피아, 내가 배낭을 내리며 쉬고 싶다고 하니 그냥 서서 쉬겠다고 한다. 아휴, 그렇게 시원하듯 서 있으면 앉아 쉬는 내 맘이 편하겠니? '그래, 가자, 가. 늘 이런 식이야. 흥!' 또 피아가 이겼다.

열 가구도 안 되는 마을에 기차역이 있다. 낡은 역사와 새 단장을 한 역사. 기차역 근처의 집들은 모두 텅 비어 있다. 일망무제의 전망이 빼어난 이런 산마을에서 한동안 살아도 좋을 텐데…. 빈집들을 기웃거리

드넓게 펼쳐진 봉우리들의 바다를 넘어 캄포베세로스 마을에 도착했다.
새벽 그림자의 방향이 바뀌었다. 그림자가 우리 앞을 길게 앞서간다.
우리는 지금 대서양쪽으로 가고 있다.

며 너무 입맛을 다셨나? 떠나기가 무척 아쉽다.

캄포베세로스 마을에 들어가, 미리 도착해 기다리고 있던 한스 일행이 이끄는 대로 숙소에 가보니, 깨끗하긴 한데 겨우 8인용 펜션이다. 다른 친구들은 결국 숙소 형편 때문에 14km를 더 걸어 라사까지 가야 한다. 하루길이 멀어지는 그들, 인사도 제대로 못 나누고 헤어져버린 친구들, 미안하고 아쉽다. 이렇게 길에서는 우연히 만났다 갑작스레 헤어진다.

캄포베세로스는 캄바 강이 흐르는 계곡에 위치한 작고 아름다운 마을이다. 플라타 길을 찾는 이가 점점 늘어남에 따라 이 마을에도 곧 더 많은 숙소가 생겨나겠지. 우리가 묵는 펜션도 가이드북에는 없다. 구디냐에서 라사까지 35km는 상당히 먼 구간이기에, 이 숙소가 가이드북에 실리면 대부분의 순례자는 이곳에서 묵어가는 걸로 일정을 잡을 것이다.

마을 구경을 나섰다가 멋진 청동상이 있는 집 앞을 지나게 되었다. 울타리 없는 개인 정원에 세워진 정교한 펠리케이로Peliqueiro인데 이 작은 마을에서만 보기엔 아까운 작품이다. 사육제 축제의 등장인물인 펠리케이로는 내일 도착하는 라사의 유명 축제 펠리케이로스펠리케이로의 복수의 주인공이다. 내일 이곳보다 큰 마을인 라사에서 어떤 펠리케이로스 기념물을 보게 될지 기대된다.

피아와 한스가 멀리서 산책하는 모습이 보인다. 바야흐로 사랑이 무르익고 있다. 누군가를 사랑할 때면 소년소녀든 청춘남녀든 중장년이든 다 똑같은 분위기를 자아낸다는 걸 피아와 한스가 매일매일 내게 보여주고 있다. 한스는 늘 "It's so easy to fall in love" 가락을 흥얼거리지만, 글쎄, 어디 세상살이가 노랫말처럼 쉽던가. 나도 홀릭holic 같은 사랑을 하고 싶다. 어느 날 갑자기 나의 깊은 호흡을 점령해 내 들숨과 날숨 속을 들락거리는 사람, 잠 못 이루게 그리운 사람, 너무나 정겨워 사랑하지 않고는 못 견딜 사람, "당신만을 사랑해"라고 다짐하지 않아도 마음 깊이 그런 느낌이 느껴지는 사람. 그런 사랑을 나는 아직 꿈꾸고 있다.

Day 34

캄포베세로스 → 라사(14km)

Campobecerros → Laza

사육제 축제의 펠리케이로스

오늘은 완만한 구릉을 두 번 탄 뒤에 1,150m 고지에 올라 거기서 해발 750m의 목적지인 라사까지 마치 절벽처럼 내리꽂히는 내리막길을 간다. 천천히 걸어 다섯 시간 걸릴 길이다. 산을 삼켜버린 거대한 새벽안개 속을 걸어 올라갔다. 겨우 코앞만 분간되는 짙은 안개지만 길을 잃을 염려는 없다. 안개가 허용하는 시야 속에서도 온갖 꽃이 흐드러져 길잡이 노릇을 하는 즐거운 길이다. 사실 경사도 심한 내리막길을 걱정했지만 지그재그로 길을 뚫어놓아 내리막의 경사를 완만하게 해주었다. 짙은 안개는 어느새 비로 바뀌었다. 든든한 판초가 있으니 비 걱정할 건 없고, 흥얼흥얼, 노래를 부르며 길을 간다. 내 레퍼토리가 이렇게 풍성했나 싶을 만큼 희한한 노래들이 다 나온다. 동요, 팝, 칸초네, 뽕짝, 발라드, 록까지!

걸으면 기억능력이 증진된다. 이는 과학적으로 증명된 사실이기도 하다. 내가 이렇게 많은 노래를 알고 있다는 게 산 증거 아닌가! 비가 그치기 시작하니 비구름이 능선을 타고 꼭대기로 우르르 올라가는 모습이 장관이다. 얀, 한스, 하이너호, 클라우스, 피아, 그리고 나. 모두 줄지어 서서 사진을 찍는다.

평지로 내려와 라사 마을에 접어드니 집집마다 벽에 사육제 축제의 상징인 펠리케이로스의 그림이 그려져 있다. 사육제는 유럽과 남미의 가톨릭권에서 행하는 대중적 축제다. 부활절을 맞이하기 전 예수의 고난을 기리는 40일간의 사순절이 있는데, 금식과 절제와 구제에 힘을 쓰며 예수의 고난을 기억하자는 것. 사육제는 이 사순절 며칠 전에 미리 실컷 먹고 마음껏 즐긴 뒤 고난의 사순절을 맞자는 취지로 열리는데, 보통 2월 중순경이다.

사육제가 시작되면 펠리케이로스 역할을 하는 사람들은 주름장식이 달린 화려한 의상을 입고 아주 큰 모자를 쓴다. 웃는 얼굴에 광대 가면을 쓰고 허리에는 워낭 방울을 달고, 아무 제한 없이 행동한다. 막대기를 들고 다니다 마주치는 사람을 때려도 보복을 해서는 안 된다. 동네 아무 집에나 들어가 음식을 내놓으라고 한다. 오늘날은 무척 순화된 형태의 사육제로 정착했지만, 예전엔 살인을 제외한 거의 모든 일이 허용되는 폭동의 밤을 보냈다고 한다. 월요일에는 밀가루와 물세례 그리고 살아 있는 개미를 탄알 삼아 신나게 전쟁놀이를 한다. 화요일이면 풍자적인 당나귀의 유언을 낭독함으로써 축제는 끝난다. 이 당나귀의 유언이란 지난해 라사에 떠돈 스캔들과 허무한 얘기들을 폭로하는 것이다. 그리고 인형들을 태우고 축제는 끝을 맺는다. 프랑코 총통 시절에는 이 축제가 금지되었는데, 축제의 가면이 범죄자와 반역자들을 숨

위 산을 삼켜버린 거대한 새벽안개를 뚫고 걷는다. 안개 속에서도 온갖 꽃이 길잡이 노릇을 한다.

아래 라사 마을에는 사육제 축제의 상징인 펠리케이로스의 그림이 집집마다 벽에 그려져 있다.

겨준다는 이유였다.

독일 남자들은 벌써 바에서 클라라 잔을 기울이고 있다. 혼자 나와 어슬렁거리며 마을 골목길을 도는데, 작은 창문이 열리더니 아저씨가 옆 골목을 가리키며 빵집이라고 가르쳐준다. 빵을 사려고 돌아다닌 건 아니지만 가르쳐준 성의도 있고 해서 골목으로 들어갔다. 허름한 집이 길을 막고 있을 뿐, 빵집은 보이지 않았다. 그런데 한 아줌마가 그 집에서 빵을 들고 나온다. 와우! 맛나게 부풀어 오른 빵처럼 풍만한 몸매의 아가씨가 재래식 화덕에서 빵을 굽고 있었다. 아직 다 식지도 않은 빵을 사들고 나올 때 난 횡재한 기분이었다. 이 빵집의 분위기, 길거나 둥근 모양의 빵, 그리고 빵처럼 부풀어 오른 아가씨, 뭔가 『달콤쌉싸름한 초콜릿』 같은 재밌는 이야기나 「카모메 식당」 같은 쿨한 영화가 만들어질 듯한, 정말 매력 넘치는 파나데리아빵집다.

비가 다시 쏟아졌다. 비를 피해 뛰어 들어간 바에선 여전히 세 친구가 술을 마시고 있다. 내일도 비가 온다는 뉴스…. "우노 클라라 리모나다 포 파보르." 비 소식에 우울해지려는 기분을 확 날려버리듯 기세 좋게 주문하고서 우린 피아와 한스의 로맨스를 화제 삼았다. 남의 로맨스를 얘깃거리로 삼는 건 동서고금을 통틀어 가장 맛난 안주인가 보다. 우린 나중에 그들이 결혼을 하게 되어 이탈리아 베로나든 독일의 쾰른이든 초대를 받으면 꼭 참석하자며, 아직 갖지도 않은 아이 기다리듯이 즐겁게 다짐했다.

라사 알베르게의 정다운 저녁 시간. 오늘 저녁은 피아와 한스가 함께 만든다. 오늘 스파게티의 양념은, 그 좁은 부엌에서 둘이 함께 요리

라사 알베르게의 좁은 부엌. 알콩달콩 요리를 준비하며 서로를 향해 머금은 달콤한 웃음이 그대로 양념이 된다. 피아와 한스의 사랑은 바야흐로 싸목싸목 무르익고 있다.

하며 서로를 향해 머금었던 달콤한 웃음들이다. 평소보다 더 맛있게 그들의 요리를 즐기고 있는데, 스페인 남쪽에 산다는 아줌마가 우리 일행에게 버럭 화를 내면서 "식탁을 너무 오랫동안 차지한다"고 야단이다. 우리는 식탁을 여섯 명의 자리만 사용했고, 네 명의 다른 일행이 나머지를 쓰고 있었다. 화를 낸 그녀 역시 소파 앞에 놓인 다른 테이블을 쓸 수 있는데도 우리에게 역정을 부린 것이다. 가장 발끈한 건 피아였다. 피아가 소파 앞자리도 있는데 무슨 말이냐며 받아치니, 아줌마도 날 선 목소리로 고함을 내지른다. 스페인 아줌마 대 이탈리아 아줌마의 설전에 일촉즉발 전운이 감돌 즈음, 우리는 얼른 피아를 데리고 자리를 피했다. 피아는 그녀를 "삐콜리"(아마도 '작다'는 뜻의 이탈리아어?)로 부르며 씩씩거렸다. 엉망이 된 기분으로 우린 식탁을 치우고 밖으로 나왔다. 이럴 때 마을 바의 클라라 한잔만큼 좋은 위안이 또 어디 있겠는가.

라사 → 빌라르 데 바리오(20km)

Laza → Vilar de Barrio

사랑의 두려움

오늘은 가파른 산 하나를 넘어야 한다. 해발 450m의 라사에서 출발해 산을 가파르게 올라간 뒤 다시 떨어지는 내리막길에 있는 해발 1,100m의 빌라르 마을이 오늘의 목적지다. 보슬비가 내리는 가운데 라사를 출발했다.

피아가 한스에 대한 자신의 감정을 처음으로 꺼낸다. 한스에게 빠져드는 자신의 감정이 두렵다는 것이다. 그녀의 결혼생활은 불행했다. 이혼 후 그녀는 남자를 사귀지 않았다. 그런데 한스가 자꾸 자기 마음속에 들어와서 두렵다는 것이다. 로맨틱한 길의 분위기가 좋은 사람을 마음속에 받아들이게 도와준 셈이지만, 스스로 이 연애감정을 견뎌낼 수 있을까 걱정하고 있는 것이다. 가엾은 피아! 그녀를 안아주자 뜨거운 눈물을 펑펑 흘리며 울기 시작한다.

"피아. 내가 함께 걸으며 보아온 한스는 피아가 사귀어도 괜찮은 남자 같아. 두려워만 말고 마음을 열고 사귀어도 괜찮을 것 같아. 사실 하이너호와 클라우스도 두 사람이 잘 어울린다고 했을 정도야."

피아가 귀를 쫑긋 세운다.

"사실 처음엔 서로 이탈리아 수다쟁이, 독일 술꾼 운운하며 싫어했지만 지금까지 우린 35일을 밤낮으로 함께하면서 서로를 잘 알게 되었잖아. 이런 건 흔치 않은 기회지. 앞으로도 20일이 남았는데 계속 대화를 나누며 서로를 더 알아가면 되잖아, 지금처럼."

피아는 웃으며 눈물을 닦아냈다.

한결 밝아진 피아와 함께 걷는다. 아, 커피가 간절하게 먹고 싶다. 피로감이 확 몰려올 때쯤, 바를 안내하는 표지판이 나타났고, 우린 동시에 외쳤다. "카페콘레체!"

이 바는 온통 조개껍질로 실내를 장식해둔 것으로 유명하다. 입구에는 우리말로도 '환영'이라고 쓰여 있어 더 반갑다. 바의 방명록을 넘기던 피아가 고함을 질렀다. 거기 피아와 내 이름이 쓰여 있었다. 비아 델라 플라타 웹사이트를 운영하는 피아의 이탈리아 친구가 거기다 우리에게 안부를 전한 것이다. 나도 바의 주인이 준 조개에 그림을 그리고 이름을 써서 빈자리에 걸었다. 주인장의 이런 멋진 아이디어로 플라타 길의 베스트 바가 탄생했다.

빌라르 마을에 도착할 때쯤 내리막길에서 또 발을 헛디뎠다. 윽! 엄청난 통증이다. 그렇지 않아도 아팠는데. 아, 심란해라. 빌라르 알베르게는 한창 수리 중이었다. 유리를 갈고, 문을 새로 달고, 여기저기 전동드릴 소리가 머리를 지끈거리게 한다. 새소리와 바람소리뿐인 산속을 걸어온 터라 기계문명의 소리가 그렇게 거슬릴 수가 없다. 모두들 클

카페 입구에 '환영'이라고 쓰여
있어 더 반가웠다. 주인이 내민
조개에 내 캐릭터들을 그려 벽에
걸었다. 칸타브리아 산맥의
어느 바는 이렇게 꾸며진다.

라라 수련장인 바로 직행했다.

알베르게 맞은편의 바에서 동네 사람들과 어울리며 버스 타는 시간 등을 물어보고 있는데, 바텐더가 케이크 상자를 들고 오더니 맛보기를 권한다. 자신의 25세 생일 케이크니까 무료라는 것. 하나를 집어드니 종류가 다른 케익을 접시에 담아주며 맛있으니 더 먹으라고 한다. 유후! 수많은 복 중에 난 먹을 복이 제일 좋단 말이야! 친절한 바텐더에게 감동을 먹은 나는 발이 아픈데도 알베르게로 돌아가 내 기념품인 팔찌를 들고 다시 바로 갔다. 나의 선물을 받은 바텐더는 감격하며 나를 안아주었다. 바에 있던 그의 친구들은 발로 공 차는 시늉을 하며 "코레아"를 외치더니 엄지를 세운다. 이 또한 그들이 베푸는 친절이다. 스페인 축구야 우리보다 한 수 위지만, 그들은 지금 여행자의 기분을 살려주고 있으니. 근성 있는 한국인 김효선, 친절은 친절로 갚고, 성질

은 성질로 돌려준다!

클라우스는 이 마을에서 이발을 했다. 이발 하며 맛나다는 식당 정보도 얻어왔다. 프랑스 할머니 내외도 같은 식당으로 왔다. 이들은 너무나 고풍스런 프랑스인들이어서, 견딜 수 없을 만큼 거만하고 불친절한 사람들이다. 일행과는 아예 인사를 나누지도 않는다. 그러나 올해 만난 앙드레, 탕퀴, 다니엘 부부 등 친절하고 사교적인 프랑스인들도 많다.

함부르크 아저씨가 우리 테이블에 합류했다. 이 아저씨하곤 이전에도 함께 밥을 먹으며 얘기를 많이 했었다. 여행을 준비하며 읽은 유럽 문화사나 레콩키스타에 대한 이야기였는데, 음음, 분위기가 너무 진지하고 무거워지고 있군, 저녁 밥상에서 나누기엔….

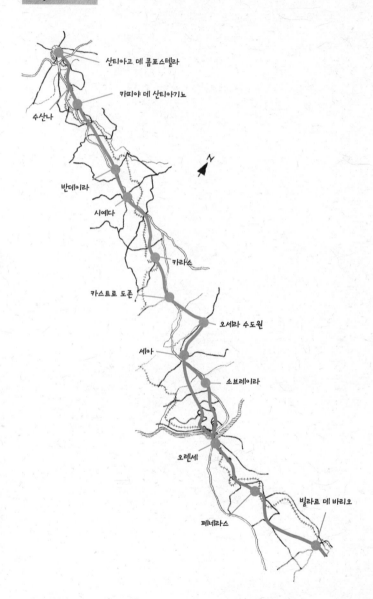

산티아고 데 콤포스텔라

카피야 데 산티아기뇨

수산나

반데이라

시예다

카라스

카스트로 도존

오세라 수도원

세아

소브레이라

오렌세

페네라스

빌라르 데 바리오

빌라르 데 바리오 → 오렌세(35km)

Vilar de Barrio → Ourense

오렌세의 '치유의 물'

6시. 친구들은 출발했다. 잠시, 함께 나설까 망설였지만, 그냥 골목 길로 사라지는 친구들을 배웅하기로 했다. 36일을 함께 걸은 친구들 과는 이틀 뒤 오렌세에서 다시 만난다. 함께 걷지 못하는 아쉬움보다 는 느긋하게 빈 침대 사이에 홀로 누워 즐기는 여유의 꿀맛이 한참 더 크다. 그러다 벌떡 일어났다. 아무래도 12시 버스보다는 아침 버스로 가는 게 낫겠다 싶었다.

빗방울이 떨어지기 시작하는 버스정류장. 7시 10분쯤 한들한들 여 성스럽게 걸어오는 청년은 낯이 익다. 아하, 어제 바에게 내게 버스시 간표를 손수 적어주던 사람이군. 화가인 그는 매일 아침 이 시간에 버 스를 타고 오렌세로 출근한다. 이 마을에서 태어나고 자랐기에 떠나고 싶은 맘이 없지만, 만약 어디로 떠나 산다면 한 번도 가보지 않은 뉴욕 에 가서 살고 싶단다.

5분 늦게 도착한 버스에 오르니, 나 혼자 수학여행 가는 기분으로 들떴을 뿐, 버스가 오렌세 가는 동안 들른 산골마을에서 타고 내린 사람들은 모두 출근하는 직장인이나 등교하는 학생들, 일 보러 가는 마을 사람들이다. 아무 정류장 표시도 없는 곳에 사람들이 서 있으면 운전기사인 도밍고는 버스를 세운다.

도밍고는 호적담당 면서기처럼 타고 내리는 산골사람들을 다 알고 있다. 서로 안부를 주고받는 풍경은 그지없이 정겨워 보인다. 도밍고에게 간식을 싸와 내미는 이도 있다. 정신지체처럼 보이는 한 청년이 버스를 탔다. 그는 작은 라디오를 들고 탔는데 그걸 크게 틀어놓고 재밌는지 낄낄 웃어댄다. 시끄럽고 성가시다고 소리칠 법도 한데 아무도 라디오 소리를 타박하지 않는다. 다들 그 청년의 말에 귀를 기울이고, 간간이 대꾸도 한다. 자식처럼 형제처럼 그를 대하는 사람들의 모습이 인상 깊다.

빗발은 굵어져 장대비로 쏟아진다. 한창 걷고 있을 친구들을 생각하니 맘이 무겁다. 하지만 한편으론 "에잇, 우리도 서울 킴 따라 같이 버스 타고 갈걸 그랬어"라며 한 번쯤 후회도 하길 바랐다. 오렌세는 40분 정도 거리라고 했는데 비가 와서 그런지 한 시간이나 걸렸다. 버스에서 내리다, 아뿔싸, 또 다리를 삐끗하고 말았다. 역시, 맘을 곱게 써야 하는 건데….

살얼음 위를 걷듯 조심조심 발을 떼어 가까운 바로 들어갔다. 구석에 앉아 오물조물 발을 주무르며 생각하니, 약국도 문을 열지 않았을 시간, 일단 쉬기로 한다. 샌드위치와 커피를 마시며 느긋하게 책을 뒤적였다. 어차피 쉬러온 오렌세, 서두를 게 하나도 없다.

오렌세 부르가스 광장의 '치유의 물'. 미끈거리는 온천수, 뜨끈뜨끈한 돌바닥, 코발트빛 하늘 아래 누워 천상의 찜질을 즐길 수 있다.

이른 시간 알베르게로 간들 문은 닫혀 있을 것이다. 바에서 충분히 쉰 뒤, 천천히 걸어 오렌세 성당에 들렀다 나오니 반갑게도 비가 그쳤다. 온천물이 나온다는 부르가스 광장으로 갔다. 정말 정원 한켠의 벽에서 뜨거운 물이 콸콸 쏟아지고 있다. 온천수는 로마인들에게 '치유의 물'이었듯이 지금 내게도 절실히 필요하지 않은가. 얼른 배낭을 벗어던지고 주저앉아 발을 무장해제시켰다. 미끈거리는 온천수에 발을 담그고 그 따뜻하고 부드러운 물의 감촉을 느끼니, 뻣뻣해진다. 누가 와서 "지금 뭔 짓을 하는 거냐"고 따지는 볼썽사나운 꼴을 당하더라도, 이 천상의 찜질을 어찌 포기한단 말인가. 바닥의 돌도 뜨끈뜨끈하다. 발은 물속에 두고 그대로 벌렁 뜨끈한 돌바닥에 누워 막 구름 걷힌 코발트빛 하늘을 올려다본다. 아, 저 아름다운 하늘 아래 나 홀로 누웠구나. 나른하여라. 스르르….

수다 9단? 인생 9단!

1시에 문을 연 알베르게에서 오스피탈레로에게 미리 내 상황을 설명하고 하루 더 숙박할 수 있게 허락을 받아두었다. 배낭을 벗어놓자마자 얼른 약국으로 갔다. 의사소통이 되지 않아 압박붕대를 사는 데 한참이 걸렸다. 그 장면을 지켜보던 한 청년이 잠깐 기다리라고 하며 나가더니, 관절통용 크림, 근육통용 크림, 햇볕에 탄 피부를 위한 크림 등 온갖 의약품 샘플을 담은 봉지를 들고 왔다. 알고 보니 그는 제약회사 영업사원이다. 내 발도 살펴본 그는 큰 문제는 없는 듯하니 그 약들을 잘 바르고 너무 무리하지 말라고 조언한다. 흑흑흑, 감동의 약국 방문!

저녁 자리에서 만난 자전거순례자는 여느 자전거순례자와 많이 다르다. 헬멧에 화려한 유니폼, 선글라스? 아니다. 그냥 동네 마실 나온 할아버지 같다. 게다가 무슨 인도의 사두처럼 머리를 산발하고 턱수염은 가슴까지 길렀다. 64세의 프랑스 할아버지 미셸. 쉴 새 없이 쏟아내는 그의 수다는 나를 어지간히 힘들게 한다.

9개 국어를 한다는 그는, 한국에서도 영어와 프랑스어를 가르쳐 한국어 몇 마디를 한다. 그런데 그 정도 더듬대는 걸로 9개 국어를 한다고 하다니, 거의 뻔뻔함이 9단 아닌가! 프랑스에서 출발하여 산티아고와 피니스테레를 돌고, 지금 플라타 길을 통해 남쪽으로 가서 지중해를 따라 남프랑스로 돌아가는 중이다. 가을에는 19세 된 딸과 함께 자전거로 다시 프랑세스 길을 갈 것이라고 한다. 참으로 기운차게 늙으신 할아버지, 그대는 진정한 인생 9단!

수다쟁이 미셸은, 인사를 해도 시큰둥해 하는 프랑스 할머니 내외와 극을 달리는 성격이다. 프랑스로 돌아가면 언젠가 남프랑스를 출발, 대륙을 통해 블라디보스토크로 간 뒤 일본과 한국을 돌아보고 싶다면서 굳이 내 전화번호를 알려달라고 한다. 솔직히 전화번호는 가르쳐주고 싶지 않았다. 이메일이면 될 텐데 자꾸 전화번호를 적어달라고 그런담. 포도주를 홀짝이며 밤새 얘기할 기세라 슬그머니 자리를 벗어나고 말았다.

오렌세 체류

Ourense

여유로운 휴식도 카미노의 일부

홀로 일어나는 아침. 부산을 떠는 친구들이 없으니 어쩐지 수상하다. 제대로 된 아침이 아닌 듯한 느낌? 부리나케 발의 통증부터 확인하는데, 흠, 고마우신 제약회사 영업사원님, 감사합니다!

로비의 방명록을 뒤적이다 딱 1년 전 이곳을 다녀간 한국인이 있음을 발견했다. "너무 반갑네요. 1년 전에 한국인이 이곳을 다녀갔다니. 바로 1년 뒤에 한국어로 글을 남기게 되어 참 기뻐요." 훗날 이 기록을 보게 될 한국어 사용자를 생각하니 가슴이 뿌듯함을 넘어 뭉클해진다. 한 언어를 쓴다는 것, 그것은 상상 이상의 교감이요 공감대인 거다.

이른 아침부터 내리는 가랑비. 오늘 하루 더 이 알베르게에서 머문다. 오늘도 도시투어는 하지 않을 작정이다. 그저 비가 그치면 온천 족욕을 한 번 더 하고 대성당만 둘러볼 계획이다.

다른 순례자들이 다 떠난 뒤의 아침 알베르게 청소시간, 어제 오스피탈레로가 부탁한 대로 잠시 자리를 비워주기 위해 미리 사둔 엽서랑 책을 들고 바로 갔다. 한결 편해진 걸음걸이에 마음조차 가볍다. 바에 앉아 엽서를 쓰는 시간은 여행자가 가장 행복해지는 순간 중 하나다. 보내는 즐거움, 받는 즐거움, 외국에 흩어진 나의 친구들에게, 평소 존경하는 분들에게, 서울에서 늘 나를 성원해주는 나의 오랜 친구들에게, 여행지만의 여유로운 느낌을 담아 보내는 일. 이런 느낌을 전하는 데는 편지도 좋고, 이메일도 편하지만, 엽서를 당할 매체가 없다.

우체국 가는 길을 여쭤봤던 아저씨는 자기가 가던 길과 반대 방향임에도 친절하게 길을 안내해주셨다. 그 짧은 동행길에 또 2006년 월드컵 얘기를 나눴다. 음, 축구, 정말 대단하지 않은가.

다시 들른 부르가스 광장의 온천. 망설임 없이 나는 어제 그 자리로 향했다. 바닥은 뽀송뽀송 뜨끈뜨끈하고, 코끝에 와 닿는 공기는 상큼하다. 그리고 너무 한산하다. 비가 온 뒤라서? 아니면 토요일이라서?

어제처럼 드러누워, 목욕을 좋아해 온천물만 나오면 마을을 만들고 도시를 만들었다는 로마인들을 떠올리며, 그 후손도 아닌 내가 이렇게 로마 조상들의 덕을 보고 있는 광경이 희한해 웃음을 머금는다. 오렌세는 너무 좋다. 지나온 도시들보다 바의 음식도 좋고 값도 싸다. 맛난 타파스와 커피, 그리고 클라라까지 즐기면서 죽치고 앉아 책을 보며 쉬는 일. 오늘의 카미노에서는 이 또한 어엿한 순례의 한 부분을 이룬다.

오렌세는 오늘날 갈리시아 지방 오렌세 주의 주도다. 로마시대부터 아쿠에 우렌테스라는 유명한 온천지대였고, 거기서 오늘날의 오렌세

오렌세 거리와 산 마르틴 대성당.

라는 지명도 유래하였다. 그러나 716년 무어인들에게 철저히 파괴된 뒤 오랜 세월 방치해두었다가 900년대에 알폰소 2세가 이 도시를 재건하였다. 도시를 흐르는 폭넓은 미뇨 강에는 아치가 일곱 개 있는 다리가 있다. 1230년에 지어진 이 다리는 '로마다리'라고 불리는데, 실제로 고대로마 시대에 만들어진 다리 기초 위에 새로 다리를 올렸다는 것. 로마다리에 서서 보면, 하류 쪽으로 초현대적인 구조를 뽐내는 다리 하나가 더 보인다. 푸엔테 델 밀레니움. 아니 저런 기술이 가능하단 말인가 싶을 만큼 유선형의 맵시가 빼어나다. 유려하게 휜 구조물에 거미줄 같은 케이블이 촘촘히 매달려 다리 상판을 받치고 있는 모습은 잘 빠진 배의 곡선을 연상시킨다.

산 마르틴 대성당은 572년에 세워졌지만 12~13세기에 다시 지어졌다. 이 대성당의 하이라이트는 16~17세기 작품인 파사드의 '포르티코 데 파리잇소', 즉 천국의 문이다. 이는 산티아고 데 콤포스텔라 대성당의 '영광의 문'을 그대로 카피한 문이다. 천국의 문에 채색 부조로 조각된 노래하는 악사들, 익살맞을 만큼 생생한 그 얼굴의 표현들을 즐기고 있는데, 어디선가 천상의 멜로디가 들려오는 듯하다. 아니, 이 귀에 익은 멜로디는? 으아악! 내 친구들 목소리다! 피아! 한스! 하이너호! 클라우스! 우린 겨우 이틀 만에 다시 만나면서 20년 만의 극적 상봉 장면을 연출했다.

극적으로 다시 만난 친구들, 저녁도 좀 제대로 먹기로 했다. 이 고장의 대표 요리인 풀뽀문어를 맛보기 위해 아카폴코 레스토랑으로 갔다. 그곳의 지배인 아줌마는 나를 데리고 부엌으로 들어가 얼마나 큰 풀뽀가 맛있게 삶아지고 있는지를 보여줬다. 침이 꼴깍 넘어가게 맛나 보이는 뿔뽀 요리는 찐 감자와 함께 나왔다. 아, 그 환상의 조화는 '영광의 문'에 버금가는 감격이었다. 아름답고 유서 깊은 오렌세여, 그 대가 내게 베푼 천국의 문과 온천 족욕, 그리고 이 풀뽀를 내 꼭 기억하리라.

오렌세의 대표 요리인 풀뽀(문어)와 찐 감자의 맛은 환상의 조화를 이룬다.

Day 38

오렌세 → 세아(21km)

Ourense → Cea

안개 긴 무릉도원

하루를 쉬고 다시 걷는 새벽길, 로마인들의 고마운 온천 덕분에 발의 통증과 불편함이 거의 사라졌다. 오렌지 가로등 불빛이 수놓은 도시의 새벽길은 나른한 꿈길 같다. 미뇨 강의 로마다리를 다시 건넌다. 오늘 세아로 가는 길은 두 코스다. 21km짜리 비아 만드라스와 23.2km짜리 비아 타마얀코스다. 우린 짧은 코스로 간다.

좁은 터널을 통과하자 길은 가파른 경사를 올라간다. 약 1km짜리 짧은 언덕이지만 고도는 100m에서 300m로 바뀐다. 세찬 오르막이다. 플라타 길 전체를 통틀어 가장 가파르다고 할 정도로. 천천히 오르는데도 몇 번을 쉬어야 했다.

헐떡이며 오른 정상, 앞이 보이지 않을 정도로 짙은 안개 속에 경사도 19%를 알리는 표지판이 홀연 모습을 드러낸다. 댕! 댕! 댕! 무릉도원 입성을 알리기라도 하는 듯 어디선가 먹먹한 종소리가 안개바다 속

으로 울려퍼진다. 아직도 꿈을 꾸고 있었던가. 문득 환상 속에서 돌아와 주위를 둘러보니, 세월이 녹녹히 녹아 글자가 보일락말락하는 돌비석 하나가 산티아고까지 99km가 남았음을 알린다.

계속 안개 속을 걷는다. 시가 떠오르는 아름다운 숲길을 거닐면서 숲의 향기에 흠뻑 취하고, 멋진 산골마을들을 지나며 들렀던 두 군데의 바에서는 커피향을 음미한다. 오늘의 21km는 그렇게 금방 끝났다. 어느새 세아.

세아의 알베르게는 돌기둥 위에 갈리시아의 명물 오레오까지 갖춘 오래된 집을 개비해서 새로 지은 집이다. 거기서 만난 프랑크푸르트 부부는 지난 알베르게에서 방명록에 남긴 내 그림과 글을 보았다고 한다. "이 글을 쓴 이가 여자인지 남자인지를 물으니, 누군가 덩치 크고 키가 큰 남자라고 하더라구요. 그런데 이렇게 젊은 아가씨인 줄은 몰랐네요." 으하핫, 젊은 아가씨라! 이렇게 고마울 데가!

이 부부는 전직 영어교사였다. 자기 학생 중에 아빠가 독일인이고 엄마가 한국인인 혼혈학생이 있었는데 늘 불행해 보였다고. 프랑크푸르트엔 한국인이 많아 한국김치도 먹어보았는데 백김치가 좋았다고 한다. 바에서 현지 주민인 베이커리 아저씨를 만났다. 프랑크푸르트 순례자는 스페인어도 능통해서 이 아저씨와 함께 바를 나가더니 큰 빵 두 덩이를 들고 나타났다. 세아를 대표하는 것이 이 전통 빵인데, 바로 그 유명한 빵집의 아저씨를 만난 것이다. 세아에서는 해마다 7월의 첫 일요일에 빵축제가 벌어진다. 700년 전통에 빛나는 빵이라? 안 먹어볼 수가 없다. 담백하고 구수한 게 먹을수록 일품의 맛임을 알겠다.

날씨는 여전히 쌀쌀하다. 독일 부부는 알베르게의 온풍기 앞에 웅크리고 앉아 떠날 줄을 모른다. 겉옷을 세탁하지도 않고 그대로 입은 채 말이다. 오늘 새로이 등장한 사람은 셋이다. 아일랜드에서 온 세 여인. 딸이 엄마와 이모를 모시고 왔는데, 이들은 오렌세에서 걷기 시작했다. 100km만 걷고, 스페인 북쪽의 도시들을 둘러본 뒤 돌아갈 것이라고. 딸이랑 동생과 함께 온 아일랜드 할머니의 표정은 그저 뿌듯하고 자랑스럽다. 아들 둘을 데리고 걷던 독일 순례자의 흐뭇해 하던 얼굴이 겹쳐진다.

Day 39

세아 → 시예다(49km)

Cea → Silleda

발렌시아의 건축학도를 만나다

빗소리를 들으며 일어났다. 이젠 어지간한 빗속을 걷는 것쯤 익숙하다. 모두 말이 없다. 한스와 피아도 제각기 길을 걷는다. 이제 산티아고까지는 90km도 남지 않았다.

비 때문에 아스팔트길을 택했더니 발바닥이 아프다. 카스트로 도즌까지 가는 길은 두 코스가 있는데 우리는 찻길을 따라가는 길을 버리고 오세라 수도원Monasterio de Osera 쪽으로 돌아서 간다. 좀 멀지만 이 모나스테리오엘 들러야 하기 때문이다. 모나스테리오에 도착하니 채 9시도 안 되었다. 수도원은 10시에 문을 연다는데⋯. 바로 앞에 있는 바에서 아침을 먹으며 문이 열리길 기다리는데, 빗줄기가 점점 거세진다. 딴 데보다 1.5배는 더 비싼데다, '남 쉬지도 못하게 뭐 이렇게 일찍 들이닥쳤담' 하는 불만을 얼굴 가득 노골적으로 내비치던 아줌마의 냉랭한 손놀림으로 커피와 빵을 대접받고 보니, 비 내리는 바에서 기다리

1135년 건축 후 화재로 1552년에 새로 지었고 19~20세기에 재보수한 오세라 수도원.

는 시간이 춥고 스산하기 그지없다.

그렇게 입장한 모나스테리오. 어디서 나타났는지 집시풍 옷을 걸친 청년이 우리와 함께 입장했다. 긴 고무장화를 신은 농사꾼 차림새가 독특하고, 스페인어 가이드의 설명을 귀담아 들으며 노트에 뭔가를 받아적는 듯한 모양새가 자꾸 눈길을 끈다.

1135년에 지어졌다 화재 후 1552년에 크게 새로 지었고 19~20세기에 재보수한 수도원의 건물들. 특히 14세기에 지어졌다는 방은 아주 인상적이었다. 살짝 뒤틀려 올라간 원주의 끝에, 종려나무 가지 형태의 아치가 천장으로 이어져 있고, 천장의 꽃무늬 패턴도 아주 독특했다. 순례자 할인도 없이 2유로를 다 받아챙기던 입장료가 아깝지 않았다.

그때, 피아가 옆구리를 쿡 찌르며 웃는다. "저 사람 봐. 저 집시가 너만 졸졸 따라다니며 공책에다 네 모습을 그리고 있어. 한번 봐봐."

그 말을 듣고 그 청년 쪽을 바라보니 흠칫 놀라며 공책을 슬며시 감춘다. 오호, 당황하는 기색이 역력하군. 호기심 마구 발동한다.

"올라. 난 한국에서 온 킴이라고 하는데, 어디서 왔어요?"

"아, 예. 전 발렌시아에서 왔어요."

"아 그렇구나. 산티아고 가는 중?"

"아뇨. 마치고 돌아가는 중이에요."

"친구가 그러던데, 공책에 절 그리셨어요? 한번 보여주세요. 보여줄 수 있죠?" "네, 뭐 좀…."

그렇게 펼친 노트엔 내 캐리커처가 그려져 있고, 한편엔 모나스테리오 천장과 회랑, 아치 등을 크로키로 스케치해놓았다. 솜씨가 수준급이다. 그림 공부를 하는 줄 알았을 정도다. 실은 건축학도라고.

모나스테리오 투어를 마치고 나오니 비가 억수같이 쏟아진다. 집시 건축학도가 내 우산 밑으로 쏙 뛰어든다. 그러고선 아예 우산까지 자기가 받쳐 든다. 어디 그뿐인가? 내 손가락의 반지가 의미 있는 거냐고, 결혼반지냐고 마구 묻는다. 오호, 곱상한 친구가 제법 다짜고짜구만? 하하하, 귀여우셔. 비가 와서 자긴 하루 더 묵는데, 당신은 어쩔 거냐? 그러게요, 걱정이네, 어떡한담.

나보다 친구들이 더 신났다. "헤이 킴. 쟤가 너한테 관심이 많아 자꾸 따라다니는 거야. 잘 해보라구." 응, 애들아. 안 그래도 그냥 스페인에 눌러 앉아 살고 싶은 맘이 굴뚝이란다. 으하하핫~!

14세기에 지어진 이 방은 살짝 뒤틀려 올라간 원주의 끝에 종려나무 가지 형태의 아치가 천장으로 이어져 있어 인상적이다.

"피아랑 산책하는 게 어때?"

맘이 굴뚝이면 뭐 하나. 지금 당장 우린 저 쏟아지는 비를 걱정한다. 이때 바의 아줌마가 택시를 이용하라고 한다. 택시? 값이 40유로인 택시는 지금이라도 탈 수 있으며, 한꺼번에 다 못 탈 듯하니 두 번에 걸쳐서 이동하면 되지 않겠냐는 것. 우린 갑자기 생기가 돌아 목적지를 바꾸었다. 가까운 카스트로 도즌이 아니라 약 40km 정도 떨어진 시예다까지 아예 가기로 한 것이다.

아줌마가 말한 택시는 다름 아닌 이 바 주인의 차였고, 그가 직접 운전을 해서 가는 것이다. 앗, 우리, 그럼, 낚인 건가? 아무렴 어떤가. 한스와 피아, 그리고 내가 먼저 택시를 타고 이동한 뒤, 택시는 구불구불 산길을 다시 돌아가 나머지 일행 셋을 데리고 왔다. 그 고갯길이 어찌나 위험천만인지, 몸을 바짝 긴장시키고 있었던 탓에 차에서 내리니 걸은 것만큼이나 쑤시고 결린다. 시예다 거리에 대충 내려준 아저씨는 돈을 더 달라고 한다. 우리도 흔쾌히 45유로를 치렀다. 그만큼 아저씨도 힘이 들었고 생각보다 먼 거리였다. 더구나 내릴 때쯤 빗줄기까지 한결 가늘어져, 우린 인심이 아주 후해진 거다.

커피 한 잔으로 원기를 회복한 후 찾아간 오스탈에서 피아는 내게 또 염색을 부탁했다. 내 몸은 피곤하지만, 한스에게 잘 보이고 싶은 그녀의 맘이 내 맘처럼 절실하게 느껴져 정성을 들여 염색을 해주었다. 살라망카에 이어 두 번째 거드는 염색이라 요령도 생겼다. 그렇게 꽃단장을 마친 피아는 이제 열심히 새신랑 한스를 기다리는데… 아니, 다른 오스탈에 묵는 클라우스와 하이너호를 찾아갔던 한스는 돌아올 줄을 모른다. 피아는 아연 토라진 기세다. 친구들과 얘기를 나누고 피곤에 지쳐 한숨 푹 자고 돌아온 한스에게 내가 귀띔을 해주었다. 피아가 오후 내내 널 기다렸다고. 한스의 입이 귀에 걸린다. "저녁 먹고 피아와 산책하는 게 어때? 피아가 기다리는 건 바로 그거 아닐까?" 그가 버릇대로 눈을 찡긋하며 고맙다고 한다. 둘은 그렇게 저녁산책을 함께 했다. 아, 나이 들어 연애하려면 튼튼한 체력은 필수로구나!

그나저나, 모나스테리오의 그 귀엽던 왼손잡이 집시 건축학도께서는 그렇게 황망히 나를 떠나보낸 아쉬움을 잘 달래고 계실까? 부디 발렌시아로 잘 돌아가기를…. 가우디를 능가하는 훌륭한 건축가로 성장하길….

Day 40

시예다 → 카피야 데 산티아기뇨(24km)

Silleda → Capilla de Santiaguiño

루파 여왕과 미친 소

사흘째 빗길이다. 어휴 지겨워라. 내일이면 산티아고에 도착한다는
게 유일한 위안이다. 두 번째 카미노 도보여행이 곧 끝나는구나. 유칼
립투스 나무들이 도열하듯 늘어서 나의 두 번째 산티아고 가는 길을
격려하고 있다. 작년 프랑세스 길에서도 갈리시아 지방을 지날 때 유
칼립투스 나뭇가지를 전지해 쌓아둔 곳을 지났었다. 지팡이로 쓸 만한
유칼립투스 가지를 두 개 주웠다. 나만의 산티아고 입성을 축하하기
위해서다.

멋진 나의 세리머니를 위하여! 산길을 내려오는데 마침 제재소가 있
어 나무 자르는 일을 하던 아저씨에게 나뭇가지를 정리해줄 수 있는지
여쭈었다. 아저씨는 아무 말도 없이 전기톱으로 내 지팡이 둘을 스윽
스윽 정리하더니 길이까지 적당히 조정해 싹둑 자른 후 내게 내밀었다.
아뿔싸! 내가 원한 크기보다 짧다. 큰 웃음을 머금고 깊이 감사의 뜻

을 전하였지만 그의 표정은 시종일관 무표정이다.

우이야 강을 건너 멘톨향 싱그러운 숲을 지나 언덕길을 올라간다. 오르막 중간에 샘터와 교회가 마주보고 있는데, 샘터의 조형물이 아주 그럴듯하다. 상단 중앙 벽 안쪽에 순례자 산티아고와 그의 제자 아다니오스, 테오토로가 좌우측에 돌을새김으로 새겨진 샘터다. 샘터 맞은 편 작은 교회의 문설주에는 1679라는 연도가 새겨진 걸로 보아 유서 깊은 교회일 터이나, 마침 공사 중이라 아쉽게도 안쪽을 살피는 행운을 얻지는 못했다.

이번 카미노의 마지막 알베르게 산 페드로 데 빌라노바는 갓 지어진 듯 아주 모던한 시설이다. 산티아고에서 세탁하기는 여의치 않을 듯하고, 알베르게 곳곳에 히터가 작동하고 있어 빨래를 말리기도 좋아 보

내일이면 산티아고 입성이다. 이쯤 되면 순례자의 마음은 성취감과 여유로 충만해진다.

였다. 얼마 안 되는 빨래지만 그렇게 해치우고 나니, 내일을 맞이할 준
비를 제대로 깔끔히 마무리한 듯하여 아주 후련하다.

모두 분주히 움직이고 있을 때 할머니 한 분이 오셔서 세요와 함께
숙박비를 걷었다. 저녁 무렵 젊은 사람이 한 번 더 와서 늦게 온 순례
자들에게 같은 일을 해주고 갔다. 오후 들어 비가 개면서 푸르디푸른
하늘이 알베르게 지붕 위로 펼쳐지자 모두 환호하며 밖으로 나와 기분
좋게 햇빛을 즐겼다. 알베르게에서 일러준 바로 가려고 마을로 내려가
는 길에 소 세 마리가 고개를 한쪽으로 기울인 채 우리의 움직임을 따
라 너무나 조용하고 슬픈 눈빛을 보낸다. 세 마리 모두 같은 포즈로
말이다. 가까이 가서 보니 이 소들의 뿔에 끈을 매어 다리 한쪽에 매어
놓았다. 뿔이 덜 자란 소는 입을 묶고 그 줄을 다리에다 묶었다. 그들
이 머리를 숙이고 입술을 죽 내민 채 유난히 슬픈 눈빛으로 우릴 바라
본 이유를 알 것 같다. 소들의 천국이라 할 이곳에서 저런 모습을 볼
줄이야.

갈리시아 지방엔 소에 얽힌 유명한 전설이 전해진다. 성자 야고보와
관련된 전설이다. 야고보가 순교를 당한 기원후 44년, 제자들이 야고
보의 유해를 몰래 빼돌려 돌로 만든 배에 싣고 오직 성령의 힘을 빌려
갈리시아의 해변 패드론에 도착했다. 야고보의 두 제자는 성자의 유해
를 매장하기 위해 이곳 통치자인 루파 여왕에게 허락을 구했지만, 이교
도인 여왕은 매장을 허락하지 않았다.

그런데 이 여왕에겐 매우 골치 아픈 일이 있었으니, 광포한 야생 소
때문에 사람들이 공포에 떨고 있었던 것이다. 루파 여왕은 야고보의 제
자들에게 그 광포한 야생소를 길들여준다면 매장을 허락하겠노라고

했고, 물론 성인을 알아보고 얌전해진 소에 의해 야고보의 유해가 옮겨져 매장되는 기적이 일어났다. 이 루파 여왕과 야생소의 전설이 전해지는 곳이 바로 이곳 갈리시아 지방인데… 광포한 야생소의 후손이라 끈으로 머리랑 뿔이랑 다리랑 친친 묶고 있다는 말씀? 에궁, 그 처량한 눈빛이 자꾸 떠올라 오늘은 소고기 요리는 못 먹겠다.

갈수록 애틋해져가는 로맨스

바로 내려가는 길은 왜 이렇게 멀까? 몇 호 되지도 않는 마을인지라, 마을을 벗어나고서도 한참을 내려가 자동차도로에 다다라서야 바가 나타났다. 상점도 없는 곳이다. 저녁 먹으러 다시 이곳으로 내려올 생각을 하니 차라리 굶는 게 나을 것 같다. 그런데 바텐더가 미리 저녁을 주문하면 배달해준다고 한다. 물론 우린 그렇게 하고 홀가분한 맘으로 커피를 즐긴 뒤 산길을 다시 올라갔다.

피아와 한스의 로맨스는 시간이 갈수록 애틋해져 간다. 내일 산티아고에 도착하고서는 이틀 정도 같이 있을까? 어쨌든 곧 헤어져야 함을 알기에 둘은 더 각별하고 진지해져 있다. 모르긴 몰라도 지금처럼 귀한 시간들을 다시 보내기는 어려울 것이다. 이들의 사랑이 결혼으로 이어진다 해도 말이다. 알베르게 구석의 소파에 앉아 사전을 들고 열심히 대화를 나누는 내 친구 두 명. 그들의 사랑스런 모습이 내 마음을 훈훈하게 한다.

회자정리… 나도 내 지팡이인 우산과 작별을 하기로 했다. 정확히 22일 동안 나의 지팡이 겸 우산이 되어준 요긴한 길동무다. 산티아고에서 경황 중에 쓰레기통에 버리려고 했던 걸 생각하니 가슴이 아팠다. 그래서 이곳에서 감사의 입맞춤을 하고 기념촬영을 한 뒤 들꽃 두 송이를 우산 속에 꽂고 알베르게 구석에 얌전히 놔두었다. 나의 진지한 우산 장례식을 본 친구들이 배꼽을 잡고 웃는다. 어허, 내 감정은 소중한 것이니!

저녁으로 배달된 식사는 훌륭했다. 포도주와 물, 후식까지 잘 챙긴 도시락. 알베르게의 순례자들은 카미노의 마지막 밤을 아쉬워하며, 오래도록 식사를 즐기고 이야기꽃을 피웠다. 단란하여라, 카미노의 깊은 밤이여.

카피야 데 산티아기뇨 → 산티아고 데 콤포스텔라(17km)

Capilla de Santiaguinõ → Santiago de Compostela

나의 꽃다발 세레모니

드디어 대장정의 마지막 날 아침. 설레는 마음에 빗길조차 반갑다. 고양이처럼 웅크리고 살금살금 진창을 피해 걷는 유칼립투스 숲길. 걷기 시작한 지 두 시간이 지나면서부터 길가의 들꽃들을 따서 판초 싸개인 빨간 주머니에 모았다. 향나무 가지도 꺾고, 보랏빛 엉겅퀴도 보태고, 흰 들국화와 빨간 제라늄도 곁들였다. 향기가 진한 로즈마리, 이름 모를 들꽃과 들풀들, 그렇게 한 움큼의 푸짐한 꽃다발을 만들었다. 향나무와 로즈마리 향 그득한 꽃다발이 탐스럽다.

도중에 들른 바에서 지팡이에 끈으로 꽃다발을 묶느라 씨름하는 걸 보고 주인장이 폭넓은 투명테이프를 내줘 단단히 고정시킬 수 있었다. 지팡이 끝의 꽃다발. 바로 이게 플라타 길을 완주한 나 자신에게 베푸는 나만의 세리머니다. 꽃을 들고 즐겁게 오브라이도 광장에 들어서는 어여쁜 내 모습, 생각만 해도 가슴이 벅차다.(독자분들은 읽기가 벅차지 않으실지, 걱정이다.)

피아와 한스는 드디어 손을 잡고 걷는다. 산티아고에 입성하는 날, 마침내 공식적으로 사랑은 시작되는 것인가. 그들만의 세리머니로는 모자람이 없어 보인다. 클라우스와 하이너호가 "이젠 초청장 받을 일만 남은 것 같아"라며 눈을 찡긋한다.

조금 긴 언덕을 올라 작은 마을의 골목길을 벗어나는데, 저 멀리 드디어 대성당의 첨탑이 모습을 드러낸다. 일제히 터져오르는 크고 작은 환호성. 장대비 속에서 우리는 함께 즐거워했고 함께 감격했다.

산티아고는 우중에도 분주하다. 낯익은 골목길을 돌아 오브라이도 광장에 들어서니 한 무리의 자전거순례자들이 막 도착하여 하이파이브로 자축하고 있다. 어제 도착한 순례자들은 우산과 판초를 입고 나와 광장을 두리번거린다. 오늘 마지막 구간을 출발한 사람들이 도착할 만한 시간, 함께 걷던 누군가를 찾고 있는 것이리라.

난 오브라이도 광장에 서서 꽃다발이 든 지팡이를 들고 대성당 파사드를 바라보며, 광장을 굽어보고 있는 산티아고 상을 향해 감사의 인사를 했다.

'길고 긴 여정, 무사히 마치게 하시니 감사합니다.'

12시의 페레그리뇨 미사를 보기 위한 순례자로 성당 안은 가득했다. 비를 피해 다들 일찌감치 성당 안으로 들어와 있었나 보다. 먼저 들어간 안이 자리를 잡고 앉아 나를 불렀다. 클라우스는 하이너호와 함께 앉았고, 피아와 한스는 먼저 숙소부터 알아보러 갔다.

막 도착한 자의 흥분을 즐기며 우리는 주위를 둘러보았다. 주변의 많은 카메라가 내 지팡이 꽃다발에 포커스를 맞춘다. 한 백발의 할머

"41일간의 기나긴 여정, 무사히 마치게 하시니 감사합니다."

니 순례자는 미사를 보는 내내 눈물을 흘린다. 어찌나 소리도 없이 슬피 우시는지, 바라보는 이도 숙연해질 정도다.

미사가 끝날 때쯤 피아와 한스가 배낭 없이 가벼운 몸으로 성당으로 왔다. 피아는 내게 오스탈에서 묵기로 했는데 같이 가자고 한다. 피아와 한스는 빗속을 헤쳐 골목길을 누비며 여덟 군데를 돌아다닌 끝에 겨우 방을 구했다고 한다.

산티아고는 순례자로 넘쳐나 여차하면 숙박업소의 방이 동이 날 정도다. 누에보 오스탈을 알리기 위한 전단지를 든 사람들이 순례자들을 잡고 있지만 대성당 주변에 방을 잡기는 하늘에 별 따기다. 지금도 골목마다 방을 잡지 못한 순례자들이 판초를 입고 오스탈 간판이 있는 곳을 기웃거리며 다니고 있다. 물론 비싼 호텔방은 있다. 피아와 한스가 방이 없어 애를 먹다 호텔 값을 물었더니 80유로라고 해서 기겁을 했다고. 40여 일 동안 3유로에서 시작해 기껏해야 20유로였던 우리의 방값에 비하면, 어휴, 기겁하는 게 당연하다.

감사합니다

비는 잦아들 기미가 없다. 어제 머문 알베르게에서 세탁을 미리 해둔 건 탁월한 선택이었다. 이틀에 35유로나 치렀지만 여기선 세탁하기가 여의치 않다. 눅눅하게 젖은 옷을 벗어 선풍기로 말리는 게 고작. 피아와 한스는 한 침대를 쓰지만 않을 뿐, 이제 내 앞에서도 태연하게 끌어안고 자연스레 뽀뽀도 한다.

비아 델 라 플라타를 걷는 인원은 하루 평균 15명 정도다. 이들이 하룻길을 앞서거니 뒤서거니 만나고 헤어지고 한다. 오늘 아침 알베르게에서 출발한 인원은 13명이었다. 우린 페레그니뇨 사무실에 들러 자랑스럽게 크레덴셜을 내밀고 완주증명서를 받았다. 이제 내일 미사에서 우리의 기록이 발표될 것이다.

긴 회랑의 쇼핑센터를 기웃거리며 구경하는데, 딸들을 위한 선물을 고르던 피아가 한스 몰래 나를 부른다.

"킴, 한스한테 선물을 하나 주고 싶어. 근데 난 남자를 위한 선물을 산 적이 없어서 뭘 사야 할지 모르겠어."

"흐음, 그거 큰 숙제네. 돌아다니다 좋은 게 있음 얘기해줄게."

그러나 여기저기 상점을 둘러봐도 뾰족이 이거다 싶은 게 없다.

대성당 뒤 골목길을 돌 때다. 한 한국 소년이 골목 저쪽에서 두리번거리고 있는 모습이 눈에 띄었다.

"어, 홍규 아냐?"

원주 '작은학교'의 홍규가 틀림없다. 홍규가 여기 있다면 원주 작은학교 일행이 다 이곳에 있다는 것?

"홍규야! 홍규야! 한스, 나 이따 저녁 먹는 데로 갈게. 이따 봐!"

홍규 쪽으로 뛰어가면서 급한 맘에 한스한테도 한국말을 쏟아부었다. 한스가 불러서 다시 영어로 일러주고, 홍규를 만나 그 일행이 모여 있다는 오브라이도 광장으로 뛰어갔다.

윤지, 유정, 소정, 도환, 경찬, 영민, 석후, 보근, 푸른, 경원, 진철, 그리고 홍규까지. 제대로 된 일정이었으면 우린 만나지 못했을 것이다. 서로의 일정이 좀 늦거나 빨라진 덕분에 한 날 한 시에 산티아고 오브라이도 광장에 섰던 것.

한스와 내 일행은 계획된 일정보다 나흘 일찍 도착했다. 비로 인해

난 예정보다 일찍, 작은학교 아이들은 늦게 산티아고에 도착했다.
덕분에 우리는 이 사진을 남길 수 있었다.

버스를 세 번, 택시를 두 번 이용하며 건너뛰었기 때문이다. 작은학교 아이들과는 원주의 대안학교인 그곳에 내가 초청강연을 갔다 만난 인연인데, 그 후 프랑세스 길을 걷는 준비를 하는 걸 지켜보고 격려하며 응원했다. 이 어린 학생들이 내가 플라타 길을 걷는 동안 프랑세스 길을 걷고 있음을 알았기에 난 날마다 일기예보에 신경을 곤두세우며 이들을 걱정했었다. 산티아고 역사상 처음으로 어린 학생들이 단체로 이 길을 걸었을 터. 얼마나 대견스러운 일인가. 거기다 여기 이곳 오브라이도 광장에서, 길을 완주한 뒤 건강한 모습으로 만나게 되었으니, 기쁘고 감사한 마음이 그지없다.

사랑합니다

아이들과 한국에서 다시 만날 것을 기약하고 오스탈로 돌아가니 피아가 선물을 내민다. 조개귀걸이다. 딸을 위한 선물을 고를 때 내 조개목걸이와 비슷한 게 있어 예쁘지 않냐고 권해줬는데, 그 조개귀걸이를 그녀가 날 위해 산 것이다. 그 마음이 훨씬 예쁘게 느껴졌다.

내 조개목걸이는 2년 전 프랑세스 길을 함께 걸었던 얀의 아내 마르야가 사준 것이다. 평생의 소울메이트가 카미노 소울메이트였던 여인에게 준 선물인 것. 그 마음이 귀하지 않은가. 무엇보다 조가비는 산티아고 성자의 상징이자 카미노 순례자들의 상징! 그래서 특별한 마음으로 그 목걸이를 걸고 이번 플라타 길을 걸었는데, 언젠가 피아가 건네준 귀걸이까지 달고 다시 카미노에 서리라.

귀국 일정을 베로나의 딸들과 상의하느라, 돌아갈 비행기 편을 알아보느라, 피아는 분주하다. 하지만 한스는 피아가 조금이라도 늦게 이탈리아로 돌아가길 바란다. 한스의 스페인 일정은 앞으로도 열흘이 남았다. 한스는 어젯밤 알베르게에서 집으로 돌아갈 스케줄을 잡는 피아를 물끄러미 바라보며, 내게 몰래 응원을 보내달라는 눈짓을 보냈었다. 함께 쇼핑을 하다가 기회를 보아 넌지시 피아에게 말을 건네보았다.

"피아, 한스랑 좀더 시간을 보내는 게 어때? 네가 돌아가는 일정에 조금만 여유를 두면 서로 대화를 나누고 함께 있을 수 있잖아. 아이들과 상의해봐. 일주일 정도 더 머물다 가는 게 좋지 않겠는지?"

나는 내심 베로나의 딸들은 틀림없이 인터넷을 통해 일주일쯤 뒤의 딱 맞는 비행기표를 찾아낼 것이라 확신하고, 그렇게 권했다.

"킴, 고마워. 어차피 주말 비행 편은 여의치 않을 것 같아 주중에 가려고 해. 그럼 일주일쯤은 더 머무르는 셈이 될 거야. 킴, 넌 나의 친구야."

피아가 나를 껴안는다. 한스의 웃는 얼굴이 떠오른다. 베로나의 딸들이 웃는 모습도 연상된다. 가슴 가득 사랑의 기운이 번진다. 카미노는 따뜻한 사랑으로 끝나고 있다.

Epilogue
카미노에는 끝이 없다

하나의 끝

산티아고에서의 마지막 날, 피아는 날마다 쓰던 카미노 일기장을 그만 잃어버렸다. 그로부터 두 달 후, 피아와 한스의 로맨스는 홀연 끝이 나고 말았다. 잃어버린 일기장은 그런 미래의 징조였던 걸까. 피아는 이번 플라타 길에서 얻은 소중한 두 가지를 모두 잃고 말았다.

카미노에서 돌아온 뒤 두 달 후, 한스는 피아의 초청을 받아 이탈리아로 간다. 피아의 두 딸을 만나고, 카미노에서처럼 둘이 함께 정다운 여행을 즐기고, 그런 꿈같은 날들이 지난 후 어느새 돌아갈 시간. 믿기지 않지만, 자초지종을 알 수 없지만, 피아가 한스에게 폭탄선언을 한다. "한스, 우리 인연은 이것으로 끝이야."

쾰른으로 돌아가는 비행기 안에서 한스의 마음이 어땠을까? 왜 피아는 그 달콤한 시간의 끝에서 이렇게 사랑을 끝내야 했던 걸까? 그 모든 걸 속속들이 알지 못하지만, 다만 한스가 얼마나 큰 충격과 고통을 겪었는지, 급기야 정신과 치료까지 받아야 했는지에 대해서는 잘 알고 있다. 나이가 많고 적음을 떠나 깨진 사랑은 힘들다. 한스는 지금도 내게 말한다. "킴, 난 다시는 사랑하지 않을 거야."

하나의 시작

얀이 재밌는 이야기를 했다. 피니스테레의 해변에서 돌을 주워 집으로 가져간 얀. 어느 날 그 돌을 가족 숫자대로(아들, 며느리, 딸, 사위, 손녀)

잘라서 그 돌에 "bring me back"(다시 그곳으로 가길)이라고 쓰고 호일에 싸서, 모두 모인 저녁 요리 접시에 섞어 내놓았다. 밥을 먹다 이를 발견한 가족들에게 얀은 그게 '카미노의 선물'이라면서, 언젠가 그들이 그 돌을 갖고 피니스테레의 해변으로 가길 바란다고 했다.

손녀가 아주 걱정스런 표정을 지었다.

"할아버지, 저는 어떻게 하죠? 학교도 가야 하고, 친구와 놀기도 해야 하고, 시간이 없어서 지금 갈 수가 없어요."

"애야. 나는 예순일곱의 나이에 산티아고 가는 길을 처음 걸었단다. 네가 할아버지처럼 세월이 많이 흐른 후에 가도 되니, 꼭 가보려무나."

아이의 얼굴이 활짝 펴지고 주머니에 그 돌을 꼭꼭 챙겼음은 물론이다.

카미노는 늘 우리를 다시 그곳으로 데려간다. 아니, 한번 카미노를 다녀오면 어디서 걷고 있든 우리는 카미노를 하고 있는 것과 같다. 명사였던 카미노는 그렇게 내게 동사가 되었다.

한스에게도 마찬가지다. 한스는 2009년 봄 다시 플라타 길을 걷는다. 피아와의 기억으로부터 도망치지 않고, '바로 그 길'에 다시 서서 의연하게 대면하여 씻어내려 하는 한스. 어른스럽지 않은가. 나이 예순이 넘어도 자기 치유의 모습은 그와 같이 치열해야 하는 법이다.

나는 한스와 같은 때에 포르투갈 길을 걷는다. 우리, 산티아고에서 꼭 다시 만나자, 한스!

BEST, BEST & BEST in Via de la Plata

Day 01
플라타 길 최고의 셰리 포도주

세비야의 밤은 북적대는 타파스 바로 대표된다. 그 이국적인 분위기를 즐기면서 맛보는 셰리 포도주는 다른 무엇과도 비길 데가 없는 풍미를 선사한다.

Day 05
플라타 길 최고의 돼지고기 요리

모네스테리오는 스페인 하몽의 수도와도 같은 곳이다. 스페인 특산 소시지 및 하몽을 꼭 맛볼 일인데, 특히 9월 첫 주의 엘 디아 델 하몽(하몽의 날) 행사에 그곳을 찾는다면 최고!

Day 06
플라타 길 최고의 선사유적

모네스테리오를 일찍 출발해 델 라 카브라 고인돌 유적에서 일출을 맞아보시라. 5000년도 넘은 이 고대 거석문화는 정확히 떠오르는 해를 향해 있다. 그 위로 해가 솟는 광경을 지켜보며 잠시 선사시대 어느 부족장의 장례 장면을 떠올려보는 것도 좋으리라.

Day 07
플라타 길 최고의 고성 스테이

파라도르 데 사프라Parador de Zefra. 14세기 성채를 개조한 고급호텔인 이곳에서 한번쯤 사치를 부려보는 건 어떨까. 1박에 75유로 이상인 숙박비가 어마무지하지만, 놀라운 경험을 선사할 테니! Plaza Corazón de María 7.

Day 10
플라타 길 최고의 도시진입로

메리다 진입로에서 만나는 과디아나 강 위의 로마다리는 60개의 아치로 이루어진 멋진 볼거리다. 토목의 달인이었던 고대 로마인들이 만든 다리 중에서도 가장 대규모에 속한다. 세비야 근교 이탈리카 태생인 트라야누스 황제 시절 건설된 것으로 추정된다.

Day 11
플라타 길 최고의 수도원

알쿠에스카르 수도원에 딸린 알베르게에서 묵게 된다면 부디 후한 기부금을 내고 오시도록! 친절한 수도자들이 마련해준 멋진 식사를 즐긴 뒤에 이들의 조그만 독방에서 하룻밤 묵을 수 있는 데 대한 대가로 말이다. 기부금이 부족해 이런 멋진 알베르게들이 문을 닫게 된다면 미래의 순례자들에게 재앙이 될 테니!

Day 14
플라타 길 최고의 치즈

카사르 데 카세레스에서 생산되는 토르타 데 카세레스는 스페인 최고의 염소 치즈로 손꼽힌다. 둥그런 치즈 덩어리의 한복판은 너무 연한 크림이어서 숟가락으로 퍼먹어야 한다고.

Day 18
플라타 길 최고의 안식처

지친 다리를 달래기엔 온천이 최고 아니겠는가. 바뇨스 데 몬테마요르 거리를 걷다 보면 목욕 가운을 걸치고 몰려다니는 노인 관광객들(십중팔구 마드리드 어르신들)을 쉽게 볼 수 있는데, 이들을 따라가면 최고의 온천에 몸을 담글 수 있다.

Day 21
플라타 길 최고의 개구리

살라망카 대학 건물 파사드의 조각에서 (현지인의 도움을 받지 않고) 개구리 형상을 찾아낸다면, 당신에게 한 해 동안 행운이 속출한다고 한다! 미혼인 처녀 총각에겐 결혼운도 따른다고 하니, 밑져야 본전?

Day 30
플라타 길 최고의 초콜릿

레케로 마을의 초콜릿은 아주 유명하여, 인근 갈리시아와 카스티야레온 지역의
미식가들로 하여금 주말이면 이곳까지 드라이브를 겸해 놀러와 초콜릿과 쿠키
등을 사가게끔 한다.

Day 34
플라타 길 최고의 열광적 축제

라사의 카르나발 축제. 해괴망측한 옷차림에 커다란 가면을 쓰고 구경꾼들을 막
대기로 때려도 된다는 '폭행면허'를 부여받은 펠리케이로스들이 이른 봄의 도래
를 기념하는 광란의 사육제로 인도한다.

Day 38
플라타 길 최고의 빵 축제

세아에서는 매년 7월 첫 일요일에 빵 데 세아 pan de Cea라는 빵축제가 벌어진다.
700년 전통에 빛나는 토속 빵을 실컷 맛볼 수 있는 기회.

Day 41
플라타 길 최고의 미사

산티아고 대성당에 도착해 맞게 되는 순례자들을 위한 페레그리뇨 미사가 단연
최고다. 거대한 향로인 보타후메이로가 천장에 매달려 성당 안을 크게 가로지르
는 풍경은 장관이다.

플라타 길 숙소와 시설

김효선의 일정	지명	구간거리 km	누적거리 km	목적지까지 거리 km	숙소와 구매시설	교통편	고도 m
Day 01	Sevilla	0	0	1003	호텔, 오스탈. 대도시	버스, 기차	0
	Camas	5	5	998	오스탈 El Madero, 바, 식당	버스	0
	Santiponce	5	10	993	호텔 Casa Senora Carmen. 바, 식당, 상점	버스	0
	Guillena	12	22	981	레휴지오(마을스포츠센터, 마루바닥, 열쇠=파출소), 오스탈/바 Frances(€20), 식당, 상점, 은행 ★기예나 떠날 때 물, 간식 꼭 준비. 지나는 길에 마을 없음.	버스	0
Day 02	Castilblanco de Los Arroyos	19	41	962	알베르게(주유소 옆에 위치. 열쇠, 세요=주유소, 침대 수 8), 호텔, 오스탈, 바, 식당, 상점	버스	300
Day 03	Almadén de La Plata	30	71	932	알베르게(시설 좋음, 침대 수 30), 오스탈 Casa Concha, 바, 식당, 상점	버스	450

김효선의 일정	지명	구간거리 km	누적거리 km	목적지까지 거리 km	숙소와 구매시설	교통편	고도 m
Day 04	El Real de La Jara	17	88	915	알베르게(열쇠, 세뇨오-아윤타미엔토, €8), 호텔, 오스탈 Casa Concha, Senora Molina c/real 70번지, 식당, 바, 상점, 약국, 은행	버스	535
Day 05	Monesterio	21	109	894	오스탈Extremadura(€12), 오스탈 Puerta del Sol(€15), 호텔 Moya(€19), 식당, 바, 은행, 상점, 인터넷. ★알베르게 Cruz Roya는 폐쇄된 상태.	버스	790
Day 06	Fuente de Cantos	22	131	872	레푸지오(Monasterio de los Frailes de Zurbaran), 호텔, 오스탈, 식당, 바, 도시	버스	582
Day 07	Calzadilla de Los Barros	7	138	865	알베르게, 오스탈 rodriguez, 식당, 바, 약국, 은행	버스	550
Day 07	Puebla de Sancho Perez	15	153	850	알베르게, 상점, 바, 은행		550

Day	지명				숙박·시설	교통	
Day 07	Zafra	5	158	845	알베르게(Convento de San Francisco, San Benito 경찰서 문의), 호텔. 오스탈. 도시	버스, 기차	508
Day 08	Los Santos de Maimona	5	163	840	알베르게(열쇠, 세요=경찰서, 침대수 30), 펜션 Sanse 2도 자립. 오스탈, 식당, 바, 상점, 은행	버스	510
	Villafranca de los Barros	16	179	824	호텔, 사설 알베르게(c/carmen 33번지, €13). 도시	버스	450
Day 09	Almendralejo	15	194	809	호텔 Espana, 오스탈 La Perla. 식당, 바, 상점	버스	337
	Torremegia	13	207	796	오스탈 La Moheda(더블룸 €36), 식당, 바, 상점	버스	302
Day 10	Mérida	16	223	780	알베르게(로마다리 건너 좌측으로 강 따라 7분 거리), 호텔. 오스탈 디 Torero(유명한 전직 투우사의 집). 도시	버스, 기차	200

김효신의 일정	지명	구간거리 km	누적거리 km	목적지까지 거리 km	숙소와 구비시설	교통편	고도 m
Day 11	El Carrascalejo	14	237	766			300
	Aljucén	3	240	763	알베르게(열쇠=Bar Sergio), 중심가의 CR*도 숙박 제공, 바, 상점	버스	250
	Alcuéscar	21	261	742	알베르게(마을 입구의 수도원, 좁은 독방에 침대 2개씩), 오스탈, 식당, 바, 상점	버스	500
Day 12	Casas de Don Antonio	10	271	732	오스탈, 바	버스	300
	Aldea del Cano	7	278	725	레푸지오(열쇠, 등록=Las Vegas 바, 침대 수 7), 바, 식당, 상점	버스	290
	Valdesalor	11	289	714	레푸지오, 식당, 바, 상점	버스	300
Day 13	Cáceres	12	301	702	알베르게 Turistico las Veletas, 펜션 Carretero, 호텔, 오스탈, 도시	버스	450
Day 14	Casar de Cáceres	11	312	691	알베르게(경찰서 문의), 오스탈	버스	390

*CR=Casa Rural, 스페인식 민박.

Day							
Day 14	Embalse de Alcántara	24	336	667	알베르게 Embalse de Alcántara(타호 강 건너 약 2km 지점)		330
Day 15	Cañaveral	10	346	657	오스탈 Malaga. 식당, 바, 상점 ★Grimaldo엔 상점이 없다. 필요한 것을 여기서 사둬야 한다.	버스	350
	Grimaldo	9	355	648	알베르게(열쇠=Grimaldo 바, 침대 수 10), 바, 식당	버스	450
	Galisteo	20	375	628	알베르게(El Trio), 식당, 바, 상점	버스	300
Day 16	Aldehuela del Jerte	6	381	622	바		300
	Carcaboso	5	386	617	사설 알베르게(Bar Ruta de la Plata. 저렴. 카페콘레체 최고), 오스탈, 식당, 바, 상점	버스	300
Day 17	Aldeanueva del Camino	38	424	579	알베르게(침대 수 4), 오스탈 Montesol(마을 끝에 위치. 음식과 전망 좋음), 그 500m 뒤에 오스탈 Roma도 있음. 식당, 바, 상점	버스	500

김효선의 일정	지명	구간거리 km	누적거리 km	목적지까지 거리 km	숙소와 구비시설	교통편	고도 m
Day 18	Baños de Montemayor	10	434	569	레푸지오, 펜션 Don Diego, 오스탈 Martin, 식당, 바, 상점	버스	700
	Puerto de Béjar	3	437	566	오스탈, 식당, 바, 상점	버스	900
	Calzada de Béjar	9	446	557	사설 알베르게(마을 입구). CR* la Gavia, 오스탈, 바, 식당	버스	800
	Valverde de Valdelacasa	9	455	548	알베르게, 바	버스	800
	Valdelacasa	4	459	544	알베르게(침대 수 6), 바	버스	900
Day 19	Fuenterroble de Salvatierra	8	467	536	알베르게(Don Blas Rodriguez 신부가 운영하는 멋지고 유명한 시설. 침대 수 30), CR*, 호텔, 바, 식당, 상점	버스	950
Day 20	San Pedro de Rozados	29	496	507	레푸지오(마루바닥), 펜션 casa miliario, 사설숙소(Bar el Moreno). 바, 식당	버스	1000

*CR=Casa Rural. 스페인식 민박,

Day	Place						
Day 20	Morille	4	500	503	알베르게(열쇠는Marco 바, 침대 수 6), 바, 식당	버스	900
Day 21~22	Salamanca	20	520	483	알베르게(대성당 뒤편), 호텔, 오스탈, 도시	버스, 기차	800
	Aldeaseca de Armuña	6	526	477	바, 상점		800
	Castellanos de Villiquera	5	531	472	바		800
	Calzada de Valdunciel	4	535	468	알베르게 @ calle Cilla, 오스탈 el Pozo, 식당, 바, 빵집, 상점		800
Day 23	El Cubo de La Tierra del Vino	20	555	448	작은 알베르게(침대 수 4), 사설숙소 Senora Carmen, 바, 식당, 상점	버스	800
	Villanueva de Campean	13	568	435	알베르게 bar Jambarina, 바, 식당	버스	750
	Zamora	20	588	415	호텔, 호스탈 La Reina, Zamora Pension Camas(식당 el Jardin의 위층), 도시	버스, 기차	620
Day 24	Roales del Pan	7	595	408	레푸지오(아윤타미엔토에서 안내), 바, 상점	버스	650

김효선의 일정	지명	구간거리 km	누적거리 km	목적지까지 거리 km	숙소와 구비시설	교통편	고도 m
Day 24	Montamarta	12	607	396	알베르게, 오스탈, 바, 식당, 상점	버스	650
	Fontanillas de Castro	11	618	385	식당, 바		650
	Riego del Camino	4	622	381	레푸지오(Old Mail House), 바		700
Day 25	Granja de Moreruela	6	628	375	알베르게(엘쇠=마을 중심의 바 티 Peregrino, 침대 수 6), 바, 식당, 상점	버스	700
	Farmontanos de Tábara	19	647	356	바, 상점		700
Day 26	Tábara	8	655	348	알베르게(엘쇠=담배가게 혹은 아윤타미엔토, 최신 시설, 침대 수 20), 오스탈 Galicia(시 외곽, 저렴), 바, 식당, 상점	버스	700
Day 27	Bercianos de Valverde	14	669	334	바, 상점	버스	700
	Santa Croya de Tera	7	676	327	Casa Anita(마을 끝의 시설 알베르게 겸 오스탈, 알베르게는 €8, 침대 수 20), 바, 식당, 상점	버스	700

Santa Marta de Tera	2	678	325	레푸지오(마을 광장의 바에서 안내). 바, 상점	버스	700
Calzadilla de Tera	11	689	314	바, 상점	버스	700
Olleros de Tera	2	691	312	바, 상점		750
Villar de Farfon	8	699	304	바		800
Rionegro del Puente	7	706	297	알베르게, 사설숙소(Bar Palacio). 바, 식당, 상점	버스	850
Mombuey	8	714	289	오스탈(열쇠=Bar Rapina), 알베르게(매트리스, 침대 수 2), 바, 식당, 상점	버스	900
Valdemerillo	5	719	284			900
Cernadilla	4	723	280	바, 상점		900
San Salvador de Palazuelo	2	725	278	알베르게	버스	850
Entrepeñas	4	729	274			950
Palacios de Sanabria	3	732	271	알베르게(€15), 바, 상점		1000

Day 28

Day 29

김홍선의 일정	지명	구간거리 km	누적거리 km	목적지까지 거리 km	숙소와 구비시설	교통편	고도 m
	Remesal	6	738	265			1050
	Truifé	6	744	259			950
Day 30	Puebla de Sanabria	4	748	255	레푸지오, 오스탈, 호텔(비수기엔 문 닫는 곳 많음), 도시	버스	900
	Requejo	12	760	243	레푸지오(바에서 도장과 열쇠 받음), 오스탈, 바, 식당, 상점	버스	1000
Day 31	Pardonelo	11	771	232	호텔, 바, 상점	버스	1350
	Aciberos	4	775	228			1190
	Lubián	4	779	224	알베르게, 오스탈, 식당	버스	1000
	Villavella	11	790	213	오스탈 Porta Galega, 바	버스	1050
Day 32	O Pereiro	4	794	209	바		950
	O Cañizo	5	799	204	바, 상점	버스	1150
	A Gudiña	4	803	200	알베르게(침대 수 20), 호텔, 도시	버스, 기차	950

Day	장소				숙박/편의시설	교통	
Day 33	Campobecerros	20	823	180	펜션 nunez, 바, 식당, 상점	버스	800
Day 34	Porto Camba	3	826	177			900
	As Eiras	5	831	172		버스	800
	Laza	6	837	166	알베르게(경찰서에서 등록, 침대 수 32) 식당, 바, 상점. 소도시	버스	450
Day 35	Soutelo Verde	3	840	163	바	버스	500
	Tamicelas	3	843	160		버스	600
	Albergueria	6	849	154	바	버스	900
	Vilar de Barrio	8	857	146	알베르게(열쇠는광장 옆 조그만 주유소, 침대 수 30). 식당, 바, 상점	버스	800
Day 36~37	Bobadela	8	865	138	바, 상점		800
	Xunqueira de Ambía	5	870	133	알베르게(아윤타미엔토 혹은 도서관에서 등록. 침대 수 20). 바, 상점, 식당	버스	500
	Ourense	22	892	111	알베르게(신프로란시스코 수도원에 위치. 침대 수 40). 호텔, 오스탈. 도시	버스, 기차	180

김홍선의 일정	지명	구간거리 km	누적거리 km	목적지까지 거리 km	숙소와 구비시설	교통편	고도 m
	Linares	8	900	103			800
Day 38	Mandrás	7	907	96	바, 상점		400
	Casanovas	4	911	92			450
	Cea	2	913	90	알베르게(침대 수 30), 바, 식당, 상점	버스	450
	Monasterio de Osera	10	923	80	레푸지오(수도원) 바, 식당, 상점	버스	600
	Gouxa	7	930	73	바		700
	Castro Dozón	4	934	69	알베르게, 오스탈, 바, 상점	버스	700
Day 39	Estación de Lalín	13	947	56	바와 겸업하는 시설 숙소, 바, 식당	버스, 기차	500
	Laxe	6	953	50	알베르게, 오스탈, 식당, 바	버스	450
	Ponte	2	955	48	식당, 상점		400
	Silleda	7	962	41	호텔 Ramos, Katuiska, 오스탈, 바, 식당		500

	Bandeira	7	969	34	알베르게, 레푸지오, 바, 식당, 상점	버스, 기차	350
Day 40	Puente Ulla	13	982	21	오스탈 Bar Casa Rios, Mesón Rio Ulla, 바, 식당, 상점	버스	100
	Capilla de Santiaguiño	4	986	17	알베르게, 식당(알베르게에서 1km 아랫 마을에 위치, 음식 배달 가능)		200
	Angrois	7	993	10	바, 식당, 상점		200
Day 41	Santiago de Compostela	10	1003	0	알베르게 Seminario Menor, 알베르게 convento de san francisco, 오스탈, 호텔, 도시	버스, 기차 비행기	200

산티아고 가는 길에서
이슬람을 만나다

지은이 김효선
펴낸이 김언호
펴낸곳 (주)도서출판 한길사

등록 1976년 12월 24일 제74호
주소 413-120 경기도 파주시 광인사길 37
　　　www.hangilsa.co.kr
　　　http://hangilsa.tistory.com
　　　E-mail: hangilsa@hangilsa.co.kr
전화 031-955-2000~3 **팩스** 031-955-2005

부사장 박관순 **총괄이사** 김서영 **관리이사** 곽명호
영업이사 이경호 **경영담당이사** 김관영 **기획위원** 유재화
책임편집 백은숙 김지희 **편집** 안민재 김지연 이지은 김광연 이주영
마케팅 윤민영 **관리** 이중환 김선희 문주상 원선아

디자인 디자인창포
CTP 출력 및 인쇄 예림인쇄 **제본** 한영제책사

초판 제1쇄 2009년 4월 27일
개정판 제1쇄 2015년 2월 5일

값 17,000원
ISBN 978-89-356-6931-8 03980
ISBN 978-89-356-6933-2 (세트)

● 잘못 만들어진 책은 구입하신 서점에서 바꿔드립니다.

이 도서의 국립중앙도서관 출판시도서목록(CIP)은 서지정보유통지원시스템 홈페이지(http://seoji.nl.go.kr)와
국가자료공동목록시스템(http://www.nl.go.kr/kolisnet)에서 이용하실 수 있습니다.
(CIP제어번호: CIP2015002179)